厨行天下之一

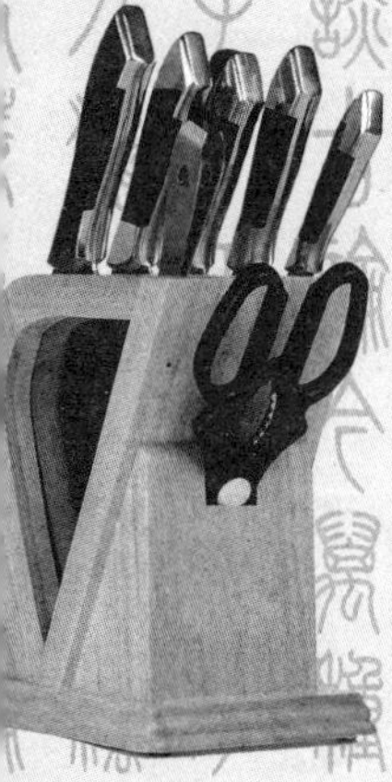

《中国烹饪》特别推荐

烹饪刀工

『修订版』

单守庆 著

一把菜刀，谈古论今，万种风情
一种刀法，一种说法，三个菜例
一册在手，刀工百科，刀下生花

中国商业出版社

内容提要

本书是同类图书中首次采用“漫谈”形式，讲述烹饪行业12种主要刀法：切、片、削、剁、劏、劈、剔、拍、剜、旋、刮、食雕。一种刀法，一种说法，讲古道今，谈经说艺，纵横交错，涉及烹饪刀工的方方面面：源流、作用、要求、技巧、文化、实例。每种刀法配以3个精典菜例，并有与各种刀法相关的插图。图文并茂，具有较强的知识性、实用性、可读性、趣味性。

本次修订，增加了名人论烹饪刀工、名厨与刀工、烹饪刀工谚语等内容。

本书可作为职业厨师、烹饪专业院校、烹饪培训班和烹饪爱好者的专业参考书。本书对烹饪行业从业人员和有志于烹饪事业的人士，是一本不可多得的“工具书”和“枕边书”。

图书在版编目（CIP）数据

烹饪刀工 / 单守庆著 .—北京：中国商业出版社，2007.5（2014.5 修订 2020.12重印）

（单守庆厨行天下系列书系）

ISBN 978-7-5044-5891-9

Ⅰ. 厨…　Ⅱ. 单…　Ⅲ. 烹饪 – 方法　Ⅳ .TS972.111

中国版本图书馆 CIP 数据核字（2007）第 050064 号

责任编辑：刘毕林

中国商业出版社出版发行

010-63180647　www. c-cbook.com

（北京广安门内报国寺 1 号　邮编：100053）

新华书店经销

唐山嘉德印刷有限公司

*

650 毫米 × 940 毫米　16 开　13.75 印张　186 千字

2007 年 8 月第 1 版　2020 年12月第 2 版第 6 次印刷

定价：32.00 元

*　*　*

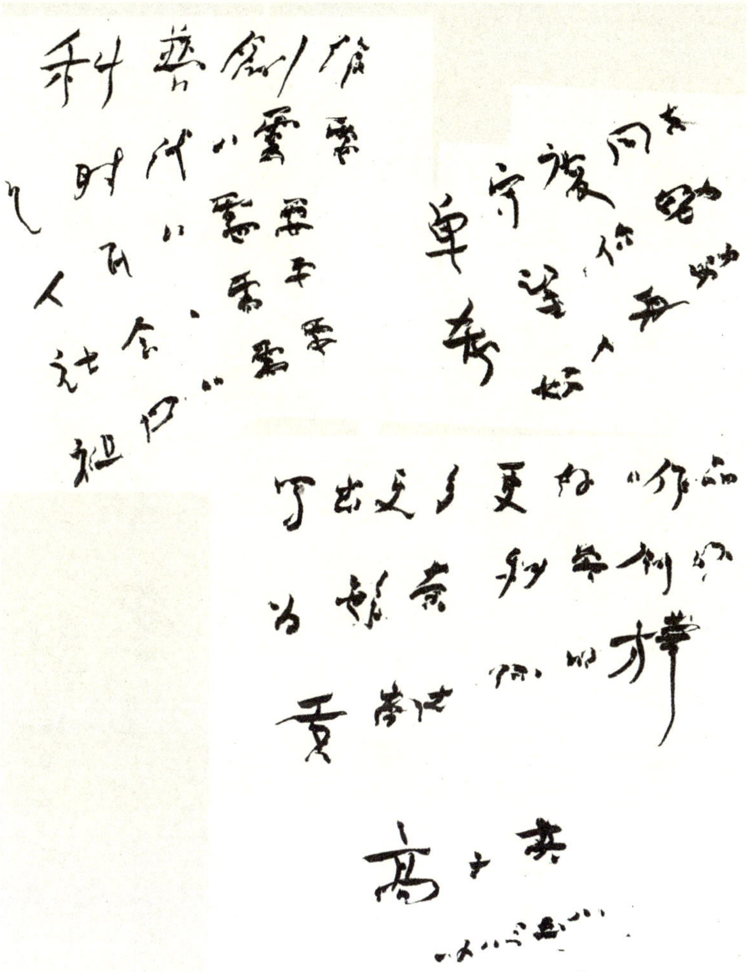

著名科普作家高士其题词：

科普创作是时代的需要，人民的需要，社会的需要，祖国的需要。

单守庆同志，希望你努力努力再努力，写出更多更好的作品，为繁荣科普创作贡献你的才华。

高士其

一九八三.二.八

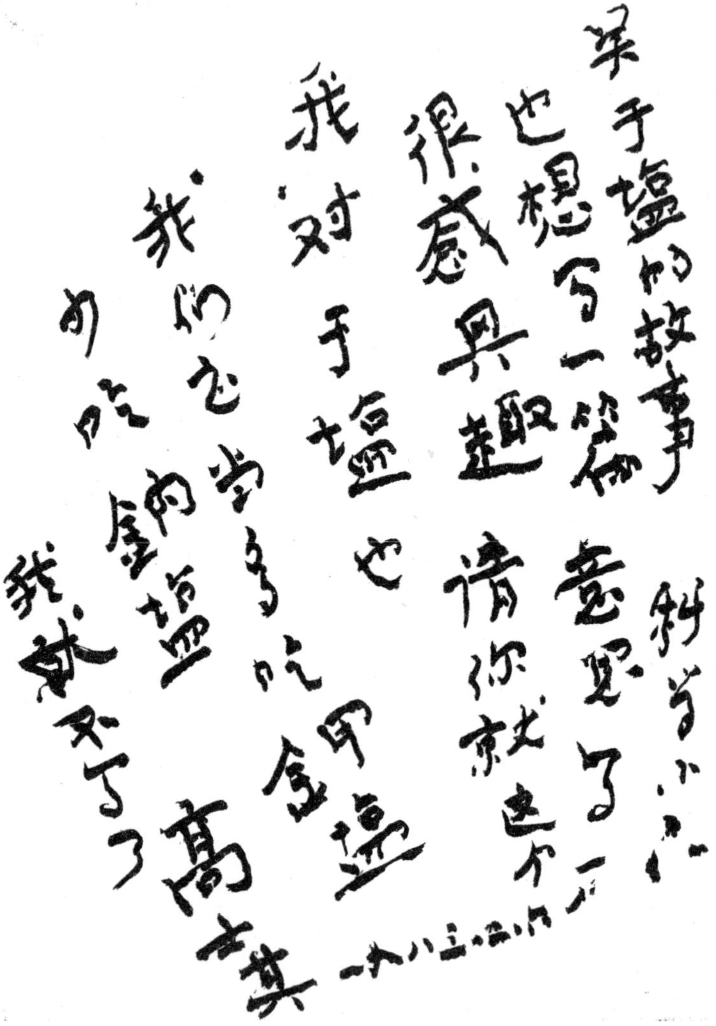

作者于1983年2月6日拜访在北京医院住院的著名科普作家高士其。

高士其是一位传奇式的人物。原名“高仕錤”，自己改名“高士其”——“去掉‘人’旁不做官，去掉‘金’旁不要钱”。毛泽东称他是

“中国红色的科学家”；中共中央组织部授予他“中华民族英雄”称号；国际小行星命名委员会将3704号行星命名为“高士其星”。他20岁时，怀着科学救国的愿望远赴美国求学，在一次实验中感染了甲型脑炎病毒，逐渐全身瘫痪。他以顽强的毅力完成了医学博士的全部课程。25岁回国，此后的半个多世纪里，他脖颈歪斜，下肢僵硬，腿不能走路，手也时常不能握笔，说话能力和听力都很微弱，却以其独特的写作方式创作了500多万字精美的科普文艺作品。

作者见到高士其时，78岁的高老尚能发出声音，但外人听不清，只能“笔谈”。高士其看到作者在报上发表的《盐之言》、《碘盐自述》等科普文章之后，与作者进行“笔谈”时写道：

我对盐也很感兴趣，也想写一篇关于盐的故事。我们应当多吃钾盐，少吃钠盐。请你就这个意思写一科学小品，我就不写了。

高士其

一九八三.二.六

高士其写一个字，秘书移动一下高士其笔下的稿纸。高士其写下的这段话，如果不是当时就按照写字的先后顺序排列起来，现在很难知道哪个字接着哪个字了。

临告别时，高士其在“笔谈”之外，还特意在作者的笔记本上写下这样的话：

科普创作，是时代的需要，人民的需要，社会的需要，祖国的需要。

单守庆同志，希望你努力努力再努力，写出更多更好的作品，为繁荣科普创作贡献你的才华。

高士其

一九八三.二.六

高士其的墨迹，作者珍藏了27年。趁本书出版的机会，与广大读者共享。

著名科普作家叶永烈称高士其为恩师，著有长篇人物传记《高士其爷爷》。叶永烈也是著名的纪实文学作家，现已出版著作200多部。叶永烈对作者的写作影响很大。1990年叶永烈为作者报告文学集《粮食行业漫步》写序。这是作者在上海的叶永烈家中拿到序言时，与叶永烈（右）合影。

2009年7月19日，中国食文化研究会、中国商业出版社、中国烹饪杂志社共同主办单守庆“厨行天下”书系研讨会。上图是出席会议的部分代表（左起）：张菲菲、马莉、焦明耀、陈连生、单守庆、孙春明、李小咪、陈学智、王者嵩、褚宏辚、孙启泰、蒋梅、刘毕林。

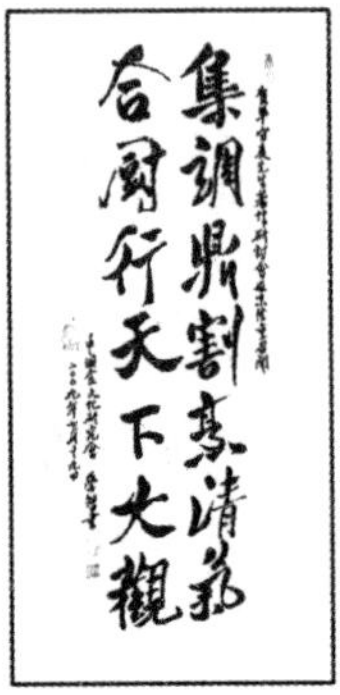

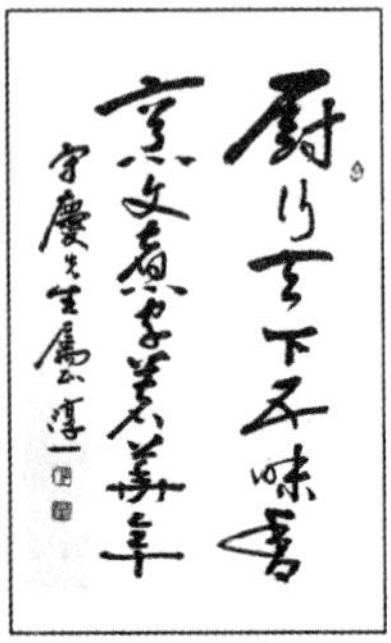

单守庆“厨行天下”书系研讨会引起关注。著名食文化专家学者、中国烹饪大师、中国药膳大师、书画家发来贺电贺信、题词作画，以示祝贺。

中国食文化研究会副会长陈学智教授题词：“集调鼎割烹清气，合厨行天下大观”。

浙江工商大学赵荣光教授题词：“食为民天上，厨行天下先”。

中国药膳研究会副秘书长焦明耀赠画：“乾坤清气”。

书法家淳一题词：“厨行天下五味香，烹文煮字著华章”。

目录

CONTENTS

序

学兄单守庆精心写作的“厨行天下”书系之《烹饪刀工》，2007年出版，2014年再版。我向他表示祝贺，也为烹饪行业和烹饪爱好者有了新版的《烹饪刀工》而感到欣喜！

我曾于1988年出版《烹饪刀工述要》，分为“绪论”和六章：“中国烹饪刀工的源流”、“烹饪刀工的使用工具”、“烹饪刀工的基本要素”、“刀工的基本原理”、“烹饪刀工方法”、“原料成形”，附录“《厨工哑铃操》图解、说明”，这是一本“可作为烹饪专科、烹饪中专、烹饪职业高中、烹饪中技、烹饪培训班的教学用书”。此书出版之前和之后，我结合烹饪教学，一直进行烹饪刀工研究，所见烹饪刀工的资料不多，且有些内容重复。可是，当我看到单守庆的《烹饪刀工》时，眼前一亮，《目录》下的标题，就足以调动我的阅读兴趣：切：学厨第一刀；片：刀工中的另类；削：各种刀法的基础；剁：厨房里的乐章；剞：中国独创的刀法；劈：刀工中的大手笔；剔：很挑剔的刀法；拍：广为应用的刀法；剜：多种刀法一起上；旋：菜肴美容师；刮：刀工中的“于无声处听惊雷”；食雕：凸现刀工的神奇。这本《烹饪刀工》和我出版的《烹饪刀工述要》，虽是“同题作文”，却风格各异。烹饪界的同行说，高等教育出版社出版的《烹饪刀工述要》是烹饪教材，中国商业出版社出版的《烹饪刀工》则是烹饪教学辅导读物，两者各有专功，殊途同归。正是因为烹饪刀工研究的共同话题，我期待着能有机会和单守庆先生谋面。

2011年12月6日，烹饪界的朋友邀请几位同行在北京崇文门饭店小聚，得知邀请名单中有神交已久的单守庆，我当即表示一定参加这个小聚。果然，见面甚欢。主人特意安排我和单守庆邻坐，都有相见恨晚的感觉。这时，他的《烹饪刀工》已出版四年，并已开始了再版的工作；我则致力于《餐饮业行话俗语通释》的写作，其中有不少内容是烹饪刀工行话俗语通释。我们相互交流着，鼓励着，给“宴会重在会”营造了“同行相亲”、“以文会友”的良好氛围。

10天后——2011年12月16日，我和单守庆重逢于北京市东城区职业教育课程改革《中式烹饪菜肴质感成因试验研究和教学探索》课题启动仪式上。他是该课题的专家组成员。他在《开题报告》之后发表了很有见地的意见和建议。尤为难得的是，该课题启动仪式之后，《中国食品报》推出单守庆撰写的系列文章，有《舌尖上的质感》、《手头上的质感》，有《菜肴的“单一质感”》、《菜肴的“复合质感”》，当然也有刀工的话题：《刀工：菜肴质感的基础》……见诸报端的12篇“菜肴质感纵横谈”，让课题组的同志很有些惊叹：单守庆，确实是很勤奋的“实力派”专家！

2012年10月，我的《餐饮业行话俗语通释》结集出版，便特意和单守庆说及此事，并请他为之作序。很快，从单守庆笔端流淌的文字，印在了这本书的前面。如今，单守庆的《烹饪刀工》再版，希望我能为之作序。我笑答：“互为序，共进取。”

本次再版的《烹饪刀工》，增加了名人论烹饪刀工、名厨与刀工、烹饪刀工谚语等不少内容，使这本书更加具有知识性、实用性和可读性。据单守庆透露，他正在研究古今那些走街串巷的磨刀老人，准备为这个人群代笔“捉刀”。让我们期待单守庆的《烹饪刀工》再版之后能再版又再版……写出一把菜刀的万种情风。

谨此为序。

李刚

2014年2月16日

厨刀：诞生于石刀之后

探究厨刀古往今来的演变过程，首先得弄清楚厨刀始于何时。这既需要以古籍的文字、图片为据，又离不开考古的实物作证。有了这些，才能由近及远，穿越历史隧道，找到人类最早使用的那把厨刀。

河南偃师出土的画像砖“厨娘刀技”，刊登在1980年第一期《中国烹饪》杂志的封面上，专家说，那是宋代的厨刀。四川也出土一些画像砖，有德阳的“庖厨”、彭县的“庖厨”、郫县的“宴欲观舞”，都刊登在文物出版社1983年出版的《四川汉代画像砖与汉代社会》一书中，专家说，那也是宋代的厨刀。

“进士段硕，常识南孝廉者，善斫脍，谷薄丝缕，轻可吹起，操刀响捷，若合节奏，因会客炫技。”记录这位操刀能手的《酉阳杂俎》，出自唐代段成式笔下，说的是唐代的厨刀。

《庄子·养生主》中的庖丁，世代传颂，特别为厨行所熟知。庖丁解牛，用今人的烹饪术语来说，就是“分档取料”。庄子用他精美的文字，记述了庖丁手里握着的那把战国时期的厨刀。

《论语·乡党》中的“割不正不食”、“脍不厌细”，说的是孔子的饮食训条。这话的意思是，用厨刀“切割”后的质量“细致”而不“粗糙”。可见孔子对饮食的讲究，已细微到烹饪刀工。制作“孔府宴”的厨师，使用的是春秋时期的厨刀。

《礼记·内则》详细记载了周代的饮食规定。比如，周代人吃什么，不吃什么，主食、副食、饮料的搭配与名称，以及各种饭食、菜肴的制作等，堪称中国古代第一部“食经”。内中介绍了周代的厨刀。

《吕氏春秋》、《通鉴外记》等古籍都记载了伊尹。伊尹被尊为厨师的祖师爷，也是商代最著名的宰相。在河南省虞城县谷熟镇魏錮堆村，有一溜小瓦覆顶的排房，门楣上悬挂的牌匾古色古香，写着“伊尹祠”三个大字。“伊尹祠”后面的伊尹墓，墓碑圆顶方座，刻有“商元圣墓”字样。商汤王称伊尹为“元圣”，意即“最高尚、最伟大的圣人”。伊尹既是“官圣”，又是“厨神”。作为厨师的伊尹，刀工精湛，把烹饪原料加工成厚薄长短等不同形状，都随心所欲。他使用的是商代的厨刀。

《中国传统烹饪饮食辞典》主编李春方，是中国训古学专家，他看了烹饪学者李刚主编的《烹饪刀工述要》书稿，欣然为之作序，并在序言中简述了厨刀的演变：“我们的祖先在刀耕火种、猎兽解肢而食的原始时代，即发明创造了石刀、骨刀；发展到知味烹调食物时，随之有了青铜制、铁制刀具；延续进步到美妙绝伦的现代烹饪，各类刀具更是数不胜数。”他还充分肯定《烹饪刀工述要》对厨刀的考证：“早在烹饪产生前的一二百万年中，尽管人类已经可以打制石刀，以切割兽肉，但茹毛饮血，生吞活剥，还不是烹饪的刀工。只有人类开始火化熟食以后，切割食物的工具和方法，才具备了烹饪刀工的基本意义。”

“人类最早使用的刀——石刀——用石头加工的刀。这石刀，是远古人类使用的石器之一。石器多为石片状，可分为砍砸器、厚尖状器、小尖状器、刮削器、石球等，各有专门的用途。比如：厚尖状器用来挖掘植物茎块；小尖状器用来支解兽体，切割兽肉；砍砸器用来砍伐大的树干和大的树枝；石球用于狩猎的投掷武器……”

综上所述，可以得出这样的结论：石刀是厨刀的前身。也就是说，厨刀诞生于石刀之后。

厨刀：经历了几十万年的演变过程

在距今50多万年以前，周口店北京人留下了一些烧裂的石块和烧焦的兽骨，还有烧过的古树籽。这一考古发现，让人们看到了最早的庖厨垃圾，也找到了人类用火的证据。“烹饪始于火”，从此也就有了烹饪专用的厨刀：陶刀、铜刀、铁刀、钢刀、不锈钢刀……从远古时期的石刀到如今各式各样的厨刀，经历了几十万年的演变过程。

石刀。考古工作者1963年在陕西丁蓝县发现大约80万年前远古人类使用过的石器：刮削器——用以剥取兽皮和刮削木棒等进攻性武器；尖状器——用以挖掘植物根茎和切割兽肉。考古工作者在北京周口店发现四五十万年前远古人类用石片制成的各种石器九大类。大约从五万年前开始，古人进化到新人——晚期智人。这个时期，改善了打制和磨制石刀的方法，石刀的类型增多，也更适用。比如，凹刃刮削器适于切割硬质的动物骨、角；凸刃和圆刃刮削器适于切割兽肉和兽皮；还有不同功能的双刃刮削器、三棱长尖刮削器等。

骨刀。在石刀之后，出现了用动物骨头制作的刀。

木刀。也是在石刀之后，出现了用木材制作的刀。

陶刀。大约在一万年前，先人们以粘土为原料，塑形后高温烧制，“变泥土为器具”，有了最初的炊器、食器。人类第一次用火力改变物质的物理和化学性质，发明了制陶技术，用陶片加工成陶刀。专家认为，陶器的发明，标志着中国烹饪进入了“陶烹时代”，也标志着烹饪器具的诞生。陶刀、陶罐、陶釜、陶鬲等，都属于烹饪器具。陶刀，被称为“第一代厨刀”。

铜刀。4000多年前的夏商周三代，也称“青铜器烹饪时代”，人类在总结制陶经验的基础上，发明了冶炼术，开始制作铜质烹饪器具。其中，青铜厨刀的出现，使烹饪刀工趋于精细，同时出现了食品雕刻。在中国烹饪史上，铜刀是继陶刀之后的“第二代厨刀”。铜刀在历史上曾产生过巨大影响，但由于青铜器的毒性限制，逐渐被铁、钢等其他金属刀具所取代。如今，纯铜或黄铜制造的铜刀、铜锅、铜盆、铜壶、铜杯、铜模等，大都成了烹饪器具的收藏品。极少使用者，只是为了体现少数民族饮食特点。

铁刀。1600年前的秦代，中国烹饪进入了以使用铁制烹饪器具为标志的新时期——“铁烹时代”。从此，铁刀、铁锅、铁盘、铁箅等多种铁制烹饪器具，一直广泛使用，成为影响力最大的厨具。铁是人体必需的元素，使用铁刀、铁锅等铁制烹饪器具，还可增加人体对铁元素的吸收，有利于健康。曾有人说，铁锅是不可取代的烹饪器具。锋利的铁制厨刀，极大地丰富了烹饪刀工的技法，工艺菜也由此兴起。

钢刀。也是在秦代以后，钢成为制造厨刀的好原料。人们常把“钢”和“铁”放在一起加以表述——钢铁,但钢是钢，铁是铁。它们的区别在于含碳量的不同:含碳量高于2%的称为铁；含碳量低于2%的称为钢。为了刀刃锋利，制刀时一般要经过淬火处理。钢刀的使用量大，使用范围广。烹饪行业有这样的说法：“铁锅钢刀，必不可少。”

不锈钢刀。20世纪初期发明的不锈钢，因为在钢中加入镍、铬、钛、钼、铌等合金元素，具有稳定的化学性质，成为一种特殊钢，全名为“不锈耐酸合金钢”。不锈钢有五种类型。其中，铁素体型和马氏体型不锈钢具有较高的韧性和良好的塑性、焊接性、抗痒化性，是制造厨柜、案台、灶台、洗糟等厨房设备的常用钢种。马氏体型不锈钢还被用来制造厨刀。这种不锈钢厨刀具有良好的切削性、耐磨性、耐腐性、耐高温性、防污染性、抛光性，还具有很强的硬度，清洁卫生，适于任何一种方法杀菌消毒，再加上银灰色的金属光泽，美丽，高雅，大方。近几十年来，不锈钢厨刀的大量使用，极大地改善了厨房的卫生状况。不锈钢厨刀，成了现代厨刀的代表。

厨刀：传承饮食文化的重要载体

“南有张小泉，北有王麻子”，说的是我国两家生产刀具的著名企业。他们生产的刀、剪，家喻户晓。这曾引起毛泽东的重视。1956年，毛泽东在《加快手工业的社会主义改造》一文中指出：“提醒你们，手工业中许多好东西，不要搞掉了。王麻子、张小泉的刀、剪一万年也不要搞掉。我们民族好的东西，搞掉了的，一定都要来一个恢复，而且要搞得更好一些。”在毛泽东发表这篇文章的半个多世纪后——2008年，王麻子剪刀锻制技艺被列入第一批国家级非物质文化遗产名录。厨刀成为传承饮食文化的重要载体。

2011年，北京东来顺饭庄108周年店庆活动之前，“王麻子”给他们特制八把厨刀，用于本次店庆活动中的“授刀仪式”，即“东来顺切肉技艺传承仪式暨东来顺涮肉制作技艺代表性传承人陈立新收徒仪式”。身着红色传统服饰的东来顺第四代传人陈立新，亲手将特制刀盒里的八把厨刀授予八名徒弟。

这八把厨刀，既长又窄，刀片长36厘米、宽8.5厘米～5厘米的弧形。徒弟们都很喜欢这种切肉刀，简称“切刀”——用来切制涮肉的肉片。

走进中餐厨房，除了切刀，还有各式各样的厨刀。砍刀：刀体厚重，呈正方形，用来砍带骨的肉类或坚硬的原料；片刀：刀身窄而薄，体轻锋利，呈长方形，用来切薄片或细丝；

斩刀：刀背较厚，刀刃锋利，刀形多样，可用来斩、切、劈；刮刀：刀体小而灵巧，用来刮洗肉皮或去除鱼鳞；旋刀：前尖后圆，背薄刃利，用来旋剥皮骨或宰杀禽畜；批刀：刀体长而尖，刃薄锋利，轻巧灵活，用来批剥瓜果或剔剥肉骨；雕刀：种类较多，形状各异，一般由若干把雕刀组成一套，或平尖凹凸，或弯直圆斜，或四方三角，刀型没有固定标准，专门用于食品雕刻……

这些厨刀，只是通常所说“菜刀”——制作菜肴使用的厨刀。除此之外，还有制作面点使用的厨刀，也称“异形刀”。一般来说，制作面点使用的厨刀不甚锋利，常用的有切刀、批刀、花片刀、糕刀、盆刀、滚刀、刮刀、小页刀，主要用于原料加工、切割成型、美化造型。

古往今来话厨刀，也有必要说说西餐烹饪器具中的厨刀。西餐烹饪除了厨师用的厨刀（Kitchen Knife）、砍刀（Chopping Knife）、拍刀（take knife）等种类繁多的厨刀，还有供食客使用的多种餐刀。正餐刀：用于吃大盘菜；鱼刀：用于吃鱼类菜或中盘菜；白脱刀：吃面包、点心时，用于挑白脱油或果酱；切肉刀：用于切割各种烧烤卤肉类菜肴；黄油刀：用于取抹黄油；水果刀：用于切削水果……

总起来说，从厨刀到餐刀，西餐都比中餐的种类多，更强调“专刀专用”。将中餐、西餐厨师及其刀工进行比较，曾在美国纽约联合国总部司厨、多次到西方国家讲学和培训厨师的艾广富大厨说：“西餐厨师处理食材时要因菜而异，不同材料使用不同刀具，因此他们的工具抢眼。中国厨师去除了形式的繁琐，倒是更凸显出我们这双手的灵巧和技艺的神奇。”他的这段话，是上个世纪80年代他在荷兰参加“中法大餐厨艺交流会”的感受。2011年，73岁的艾老忆起30多年前的那桩“厨刀趣事”，提笔撰文，写出《一把菜刀闯欧洲》，发表在2011年10月《中国烹饪》杂志“人间滋味”专栏。

日前，笔者与艾老提及《中国烹饪》杂志拟推出关于厨刀的“特别策划”，他很支持，且不无感慨：“一把菜刀，在叙说中国烹饪的发展史，在讲述中外烹饪交流的故事，也在追述人们操刀制作美食的经历。”

选择厨刀

人们常说，服务行业三把刀：理发师的剃头刀，修脚师的修脚刀，厨师的厨刀。可见，不同的刀，代表了不同的行业。在理发师手里，“刀快头皮光”；在修脚师手里，“小刀到，脚病消”；在厨师手里，“杀鸡不用牛刀”。作为厨师，展示烹饪刀工技艺，首先要会挑选适合需要的厨刀。

厨刀种种，常用的厨刀有五大类：片刀、方刀、砍刀、剔骨刀、雕刻刀。

片刀：有大、中、小三种型号。特点是刀身长而窄、轻而薄，适用于片、切不带骨的精细原料。例如，猪肉、牛肉、羊肉、鸡肉等。

方刀：有大、中、小三种型号，又叫一号方刀、二号方刀、三号方刀。这种刀用途较广，适用于切、片等。

砍刀：从形状上分，有两种：双手砍刀；单手砍刀。砍刀的特点：体大，腮厚，适用于砍带骨的原料。

剔骨刀：适用于整料剔骨。例如，猪、牛、羊等。

雕刻刀：雕刻所用的各种刀具，种类很多，并不十分规范，只要使用得心应手就行。例如：尖头刀，食品雕刻的主要工具，用来雕刻作品的轮廓和坯子；圆口刀，用来刻制花瓣、羽毛及掏孔等；扁圆口刀，用来刻制花瓣和山石等；槽刀，用来刻制线条和羽毛等；斜口铲刀，用来铲平刻面和铲皮等；模具刀，用来刻制某些小型刻件。

厨师使用的厨刀，与其他行业的刀具相比，最大的区别在于：厨刀直接接触食物或食物原料，直接接触酸、碱、盐、油、热水、蒸汽、热空气等物质，直接在高温、高湿的条件下频繁使用。所以，厨师对厨刀有很高的要求。厨刀质量不好，直接影响菜肴质量。比如，烹饪原料加工时出现的“连刀”，不仅影响菜肴的形状和美观，而且由于原料有大有小，有粗有细，有厚有薄，势必在加热时受热不匀，在调味时受味不均。如果厨刀质量不好，刀工处理的原料不合格，不管其他烹饪技术如何高明，也会使菜肴大为逊色。

根据名厨大师的经验，选择厨刀时，以下五点不可忽视：

第一，厨刀要符合安全卫生要求，这也是对厨刀最基本的要求。为了保证食品安全卫生，国家制定了食品器具卫生标准，还对食品器具毒性试验作出规定。厨刀必须符合这些标准和规定，不给食物带来污染。厨刀应该易于清洁、防毒、杀菌。

第二，厨刀要满足侵蚀性介质和恶劣条件下的稳定性要求。厨刀经常与酸性、碱性等不同性质的食物接触，必须有良好的抗腐蚀性能和化学稳定性能。即使在热水、热油、蒸汽、高温热辐射的条件下，厨刀也不应生成或释放出有害人体健康的成分，不应损害食品风味和营养物质。厨刀应不生锈，不损坏。

第三，厨刀要有耐磨性。由于烹饪过程和环境的特殊性，厨刀会出现明显的热磨损、腐蚀性磨损，特别是频繁使用的厨刀，更要有良好的耐磨性，防止磨损过快，防止磨擦产生的金属微粒进入食品。

第四，厨刀要符合烹饪产品初加工、细加工和精加工的需要。根据烹饪和食用要求，把各种烹饪原料加工成块、片、丁、丝、粒等不同的形状，只有通过厨刀才能完成。所以，厨刀应具有标准化、通用化、多功能的特点，还应结构简单，操作灵活方便，易于维护保养。

第五，厨刀要达到规定的强度、钢度、硬度要求。有一句谚语，便是来自制作厨刀的实践——“好钢用在刀刃上”。挑选厨刀时，一般可选购夹钢厨刀。细看刀的刃口是否平直。刃口平直的，方便使用，也方便磨刀。未开刃的厨刀，可用锉锉刃口，如感觉发滑，证明厨刀有钢，也有硬度。还可以通过刃口削铁的方法，测试厨刀的硬度，能把铁削出硬伤，说明这把厨刀有钢，也有硬度。

保养厨刀

厨刀发挥应有的作用，除了使用时正确操刀，还需要对厨刀进行精心保养。这也正如谚语所说，“刀儿越使越亮，知识越用越多”、“厨刀不磨是块铁”、“磨刀不误砍柴功”。

厨刀的保养，有很多细节不可忽视：

厨刀用完之后，要用清洁的抹布擦净污物，然后挂在通风的刀架上。避免接触到其他物品而受到污染。

长时间不用的厨刀。应在刀面涂抹一层油或用姜片揩干，防止生锈。然后，把刀挂在刀架上，避免刀刃损伤。

测试厨刀硬度，不能将两把厨刀刃对刃地碰撞。

有人误以为“缸上磨刀，又快又好”，其实，刀口在缸上来回磨擦，必然要产生高热，这就起到了退火作用，从而降低了刀口钢的硬度。

生锈的厨刀，用马铃薯片、萝卜片、切开葱头，沾少许细沙反复擦洗，可除锈。

切过鱼、肉的厨刀，用生姜片擦一遍，即可以去除厨刀上的腥味。

清洗厨刀时，不要把厨刀与餐具或其他厨具放在同一盆内，以防刀锋刃损坏。

磨刀，是厨刀保养的一个重要环节。因此，关于磨刀的烹饪谚语也多：“刀不磨要生锈，水不流要发臭”、“刀不磨要生锈，人不学要落后”、“刀不磨快难做菜，孩子不教难成才”、“刀闲会生锈，人闲会生病”、“人在世上练，刀在石上磨”、“磨刀不用看，全凭一身汗”……

有些人一边磨厨刀，一边自言自语这些烹饪刀工的谚语。下面，结合相关记载和厨师的经验积累，具体说说与磨刀相关的事。

第一，有一个正确的磨刀姿势。磨刀，有两种方法：站立磨刀；下蹲磨刀。多数人采用站立磨刀的方法，因为站立磨刀方便灵活，便于用力。正确的站立姿势是：左脚向前迈出半步，双腿自然站立、腰部弯曲(弯曲的程度应根据磨石的高低而定)、胸部略向前倾。这种姿势适应于磨刀时身体前后移动，使重心始终保持平衡。站立磨刀时，切忌双脚平行站立，这样身体往前移动时会因重心偏高失去支撑而站立不稳。

第二，有一个正确的持刀方法。因为一把刀不能一次磨成，通常是把刀分为前部、中部和后部三部分来磨。磨刀前部时，左手虎口应卡住刀背的前端，大拇指压在刀板上，用虎口和大拇指卡紧刀板，其余四指张开。右手大拇指顶在刀背上，食指压住刀板，其余手指握紧刀把。磨中部时左手手心顶住刀背前端，大拇指和其余四指捏紧刀板。右手大拇指应抬起与食指呈八字形自然压在刀板上，其余手指握法同上。磨刀根时，左手握刀与磨中部时相同，但要握得深一些，这样在磨刀时比较有力。右手持刀方法不变。磨另一面时，左右手交换位置，持刀方法不变。无论磨哪个部位，持刀要紧，手腕要灵活有力。掌握了正确的姿势，磨刀不但省力安全，而且锋利见刃。

第三，正确使用磨刀石。大多数餐馆都备有两种磨刀石，即粗磨石(沙石)和细磨石(泥沙石)。粗磨石的质地较粗，适于初磨，开膛。细磨石的质地较细，适于立刃。新刀初磨时，首先要把刀背、刀头等有棱角的地方先在粗磨石上轻轻地磨去飞楞，这样在磨刀时不致因楞角过尖而扎伤手。然后在磨石上淋水，再依照正确的姿势在粗磨石上磨。磨刀时刀背与磨石的角度不宜过大或过小。过大，磨出的刀膛较厚，缩短了厨刀的寿命；过小，容易损伤刀背，影响厨刀的形状。最合适的角度应在五度左右(也就是刀背离磨石1.5厘米左右)。由于这种刀的后根需要斩一些带有细小骨头的原料，磨刀根部的角度可路大一些。同时还应注意刀两面磨的次数大致相等，用力均匀。磨好的厨刀，应刀膛平，刀刃直，不损刀形。

第四，正确用力。在粗磨石上磨，用力要大一些，尽快地把刀刃磨出来，然后用力小一些，继续磨刀刃，不要因用力过大而卷刃。再把刀板上磨出的印子磨平。当刀刃初步磨出时，就可以转用细磨石磨了。在细磨石上磨刀也要开始用力大，然后用力小。用力大是要尽快磨出全部刀刃，一旦刀刃全部磨出，就可转而轻磨，直至刀刃锋利。再把飞刃和刀膛磨光。

第五，鐾刀。刀用到一定的时候就不快了。有经验的厨师把刀放在质地细软的鐾刀石上(多用手工小瓦)鐾一鐾(挡一挡)。鐾刀实际上是一次简单的磨刀和立刃过程，它可以使已经不太快的刀经过轻轻地一鐾，立即变得锋利起来，其效果往往不亚于初磨的刀。鐾刀的目的是为延长刀刃的使用寿命。掌握鐾刀的规律至关重要。每一次鐾刀都要比前一次鐾刀角度略大一些，依次按顺序鐾。但是鐾刀也不是没有止境的。一般是鐾到刀与鐾石呈四十五度角时就不能再鐾了，假如再鐾下去，不但起不到明显的效果，反而还会使刀刃变厚。同时鐾刀还应注意持刀的手腕一定要灵活，来回鐾刀时两面的角度要一致，在翻刀的一瞬间刀刃要脱离鐾刀石，防止损伤部分刀刃。

第六，鉴别刀是否磨好。常用的方法有两种：一是右手持住刀把，左眼紧闭，刀刃竖着对直右眼瞄看，距离约65厘米左右，如果看不见刀刃上有白道，就是锋利了；二是右手持刀，刀刃朝上，左手大拇指横着在刀刃上轻轻地试一试(摸一摸)，手指感到刀刃很涩并有挂手指的感觉，表明刀刃锋利了。如果感到刀刃光滑，说明还不快，需要继续磨。

正确操刀

有人以为，一把厨刀在手，尽可切、砍、剁、片、刮……其实，厨师操刀施展各种刀工刀法，并不那么简单，更不可随意，而是大有讲究的。

如果厨师缺乏足够的体力、臂力、腕力和耐力，抬刀不高，落刀飘忽，运刀的稳定性和准确性不够，刀下之物就会变形，达不到质量要求。

如果厨师操刀工作时精力不集中，或两手配合得不好，还有厨刀伤及手指的危险。

如果出现下列情形之一，也都可能造成安全事故。操作时用厨刀指手画脚；随意放置厨刀；用手接挡滑落的厨刀；清洁厨刀锐利部位，不是将带手布折叠成一定厚度从刀口中间部位轻慢地向外擦；暂停使用厨刀时，不是刀口向外平放在菜墩上。

看似简单的刀起刀落，真正做到落刀轻重得当，运刀灵活自如，具有鲜明的节奏感，还真得具备一些条件，下一番功夫呢！

在烹饪的十八般武艺中，刀工操作是一项很细致的手工劳动。劳动强度大，操作时间长，消耗体力多，既要有良好的体力、臂力、腕力、耐力，又要有灵活应变的头脑。厨刀非常锋利，如不小心，就会割伤手指。所以，厨师必须根据刀工的特点，掌握刀工操作的基本要领：

站案。据有经验的老厨师说，看厨师的刀工怎么样，只要看他的站相就知道了。说得不错。厨师站案，要先练“站功”——站有站相。站案的姿态，应该是两脚自然分立，重心稳定；上身向前略倾，胸稍挺，不能弯腰曲背；双肩要平，不可一肩高一肩低；目光注视两手操作的部位；身体自然放松，和菜墩保持一定距离；放置菜墩的高度便于操作。站案操刀，姿态端正，无论自我感觉，还是在旁人眼里，都有一种和谐自然之美。有烹饪专家为厨师“站墩”编写“三字经”：“脚分立，与肩齐。腰不弯，略挺胸。背不弓，腿不曲。腹离墩，一拳距。持刀稳，巧用刀。目视刀，神不离。功架好，不疲劳。”这样操刀工作，能保持正确的姿态，身体重心垂直，有利于上肢施力，动作舒展，能灵活调节运刀用力的强弱与运刀的方向。稳固的刀法，能减轻操作时的疲劳程度，提高工作效率和原料成形质量。

操刀。操刀的基本手法，一般是右手握刀，拇指与食指捏紧刀箍处，其余三指、手掌和全手力量握住刀柄，握力时手腕灵活而有力量。正确操刀，能给人一种“菜刀在手，成竹在胸”的感觉。

运刀。刀工操作时，要凝神于运刀之中，思想随着刀刃走，做到“安全第一”。主要用臂力和腕力。左手控制原料，保证原料平稳不移动，便于落刀。“左手持料要稳，右手落刀要准。”两手紧密而有节奏地配合，动作准确、连贯、巧妙、一气呵成。高超的运刀技艺，强调干净、快捷、利落的操作手法，也就是养成良好的操作习惯。刀、菜墩及其周围的原料、物品，都要保持清洁整齐，有条不紊，不能杂乱无章，拖泥带水。运刀，能展示出刀工刀法的神韵，让人与劳动达到高度和谐，从而产生强烈的艺术感染力。

保健。摆放菜墩的场地，多为水泥或水磨石地面，比较潮湿和阴凉。为了防止下肢浸染潮凉和患静脉曲张，刀工操作时，最好穿防护鞋，脚下有垫物。

厨师在进行刀工操作时，在站案、操刀、运刀、保健等环节养成良好的习惯，掌握了操作要领，就能随心所欲地通过菜刀改变原料形状，达到刀工的技术要求：薄片如纸，细丝如线，粗细均匀，长短一致。厨师的正确操刀，各地都想出很多好主意，采取很多好办法：

北京的一些烹饪学校，在烹饪刀工技能课和刀工练习时，常用讲解法、直观法、完整与分解法、正误对比法、想练结合法、模拟练习方法、反馈练习方法、间歇练习方法、重复练习方法、持续练习方法等，都收到了很好的效果。

山东的一些厨师培训班，在选用刀工练习方法时，注意掌握以下几点：一是弄清原料加工的性质和用途；二是以所要解决的问题为前提；三是从实际情况出发；四是依据刀工动作技能形成的不同阶段，恰当运用不同的刀法；五是注重实效性。这样一来，既能保证刀工练习的质量，防止流于形式，又能通过综合性练习，抓住重点，兼顾其他，达到刀工技能练习不同阶段的要求。

湖北省旅游学校，发明了一种“切剁废报”的刀工训练法：将废旧报纸叠成50厘米长、5厘米宽的条，以此为“原料”，进行刀工训练。采用这种方法，不仅锻炼了站案、操刀、运刀能力，增强了臂力、腕力、耐力和左右手的协调能力，还避免了原料浪费，解决了切空刀训练没有真实感的问题。

厨师正确操刀，展示高超烹饪技艺的记载，古已有之。

南宋曾三异的《同话录》中，记录了古代的刀工表演：“有一庖人，令一人裸背俯伏于地，以其背为几，取肉一斤许，运刀细缕之。撤肉而拭，兵背无丝毫之伤。”唐代大诗人杜甫的笔下，也为厨师操刀留下了精美的诗句：“饔子左右挥霜刀，脍飞金盘白雪高。”

用好菜墩

厨行称，“七分案，三分灶。”这里的“案”，也称“墩子”、“砧板”。“七分案”，则是强调刀工技术的重要地位和作用。对于厨师来说，成功制作菜肴，必须用好菜墩。这个“用好”，既有菜墩质量好的意思，也包括会使用菜墩。

菜墩是使用厨刀加工烹饪原料时使用的衬垫工具，有的是塑料制品，多数是用木料制成。木质菜墩，选用木材很有讲究，通常选用毛柳树、橄榄树、银杏树、黄果树、椴树、榆树等树木。这些木质菜墩质地坚密耐用、木纹细腻、密度适中、弹性好、不损刀刃、不起木屑。标准的菜墩，高度约20厘米，直径约40厘米，墩要平直，不硬不软，不可凹凸不平。菜墩表面不平、质地太硬或太软，都会直接厨师操作，也难以保证原料成形的质量。用好菜墩，是烹饪刀工必不可少的基本知识。

第一，备齐菜墩。

餐饮企业通常要备齐三种菜墩：熟墩，厨房内用于加工、切割熟料的菜墩。生墩，厨房内用于加工、切制生料的菜墩。垫砍的菜墩，区别于切、片等刀法的菜墩。有了熟墩和生墩，把生熟分开，能防止交叉污染，而垫砍时专用的菜墩，能减少对普通菜墩的磨损，从而延长其使用时间。

第二，正确使用菜墩。

使用菜墩时，不可专用一边，要应经常转动墩子，经常变换部位，四周旋转使用，在不同的墩面位置上切割原料，而不宜总是固定在一个墩面位置上切割原料。均匀使用菜墩平面，菜墩均衡磨损，能防止凹凸不平。厨师常说的“墩用边，刀用尖”，说的就是加工烹饪原料时所用墩面和刀具的部位，强调正确使用菜墩和刀具，并不是一定要在墩面边沿位置切割原料和只用刀尖切割原料。正确的做法是，墩面哪个部位偏高，就在哪个部位上切割原料，这样才能保障墩面越用越平整，防止墩面出现凹心。平整的墩面，有利于刀法的施展。

菜墩出现凸凹不平时，应该用铁刨轻轻刨除凸起部分，不要用斧头砍，以保持墩表面平滑。

切完一种原料后，要刮净菜墩油污等遗留物，把菜墩擦干净，接着加工的原料不易在菜墩上滑动，避免切割原料藕断丝连。

第三，菜墩的保养。

新菜墩要修整刨平。

新菜墩最好先用盐水涂于表面或浸在盐卤内，使菜墩的木质收缩，组织细密，结实耐用，还能避免菜墩干裂变形。

菜墩使用之后，刮净油污，用开水或碱水洗净，用洁布罩好，竖放在通风地方，保证清洁。

随便说说有关菜墩的烹饪行话：

站墩。意指早年刚进入餐饮行业的学徒工。

墩子。原指用于切制烹饪原料的木质菜墩，后来被一些地方作为切厨房配工作的代称，内容包括：通过刀工使烹饪原料成为适合烹饪需要的形状；按照配形、配色、配质和配器的原则，对半成品烹饪原料进行组配，再提供给厨师烹制成菜。墩子的职能还包括制定烹饪原料的购进计划、核算单个菜点和宴会菜点的成本。墩子关系到菜点质量、风味特色和经营利润。此岗位一般由厨艺经验丰富、技术全面的厨师担任。

切墩。意指对烹饪原料的清洗及成形加工的处理，泛指从事切配烹饪原料加工的工种。

生案。意指早年在厨房专门从事切割烹饪原料制的工作，运用各种刀法，将烹饪原料加工成形以便配菜，或把刀工处理后的烹饪原料交给厨师进行后续的灶上加工。

切：学厨第一刀

切：使用最多的刀法

切菜、切肉、切饼、切糕、切面条、切葱花儿……生的能切，熟的也能切；热的能切，凉的也能切；副食能切，主食还能切。烹饪原料或成品，只要无骨无冻，都能在此一切！

切，是烹饪活动中使用最多的刀法。

看似简单的一切了之，其实里面大有学问，是很要功夫的。不同的原料，需要采用不同的切法：

直切。直切也叫跳切。直切要求两手有节奏地配合：左手按稳原料，等距离向后移动；右手执刀，运用腕力，紧随向后移动的左手，一刀接一刀，笔直地切下去。青瓜、莴笋、冬笋

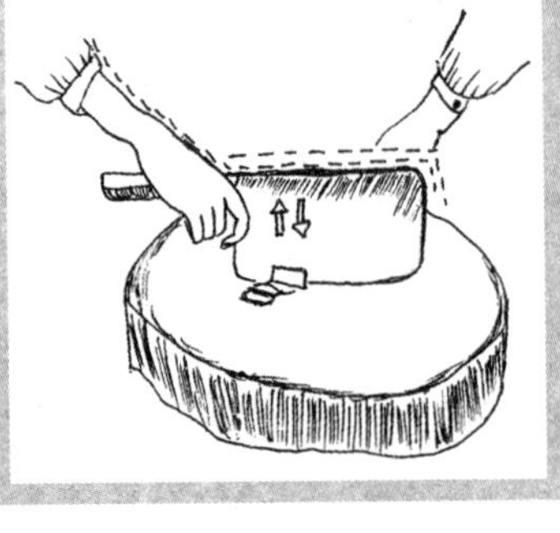

直切

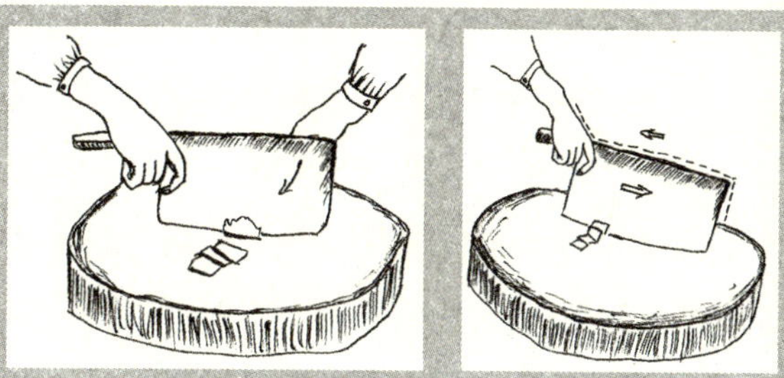

拉切

等质地脆嫩的原料，都可通过直切法进行刀工处理。

推切。刀口由右后方向左前方切下去，着力点在刀的后端。一刀切到底，不能拉回来，能防止原料破碎。切生鱼片，用的就是推切法。

拉切。拉切和推切的运刀方向正好相反。刀口由左前方向右后方拉动，着力点在刀的前端。为防止原料破碎，也要一刀切到底，不能推回去。拉切适用于质地坚韧，不易切断切齐的原料。例如：切生肉丝。

锯切。把推切和拉切结合起来，便成了“推拉切”，也叫“锯切”。进刀后，先向前推，再向后拉，一推一拉，如同拉锯。锯切适用于质地松散的原料。例如：涮羊肉的肉片，回锅肉的肉片，火腿，面包。

铡切。铡切有两种用刀法。第一种：右手握住刀柄，刀柄高于刀的前端，左手按住刀背，刀刃前部按在原料上，对准要切的部位，用力向下铡切；第二种：右手握住刀柄，刀刃对准要切的部位，左手掌用力猛击刀背，使刀直铡下去。铡切，操作要敏捷，一刀切好，切后成品整齐。铡切时应防止原料跳动。适于铡切的原料，有带壳的，有体积小的，有形圆易滑的，还有略带细小骨头的。例如：活蟹、油鸡、烧鸭。

滚切。滚切也叫“滚刀切”、“滚料法”。滚切的成品，称“滚料块”。在滚切时，左手按住原料，右手执刀与原料垂直，切下一刀，滚动一次原料，边滚边切——滚切。圆形、圆柱形、圆锥形的原料适于滚切。左手滚动的原料，斜度适中，右手以一定的角度切下去。滚切同一种原料时，刀的角度保持一致，切出来的成品才能整齐划一。胡萝卜、茄子、茭白等，常被用作滚切的原料。

摇切。摇切的操作方法是：右手握住刀柄，左手握住刀背前端；刀的一端靠在砧墩上，另一端提起；刀刃对准要切的部位，两手交替用力切：左手切下去，右手提上来；右手切下去，左手提上来。如此反复摇动，直到把原料切开。例如，花生、花椒、核桃仁等形体小、形状圆、易滑动的原料，都适于摇切。刀在上下摇动时，应保持刀的一端靠在砧墩上。如果刀刃全部离开砧墩，会使原料跳动失散。切时用力均匀，才能保持原料形状整齐，大小一致。

如此这般切下来，常用的切法就有7种之多。

在运用切法时，由于原料质地不同，切出来的形状也大不相同：

上下铡切

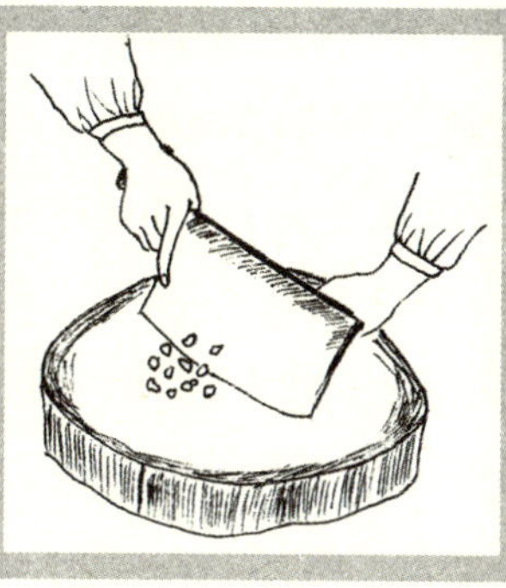

滚切

韧性的原料，要切薄、切细，便于咀嚼。

软性的原料，要切厚、切粗，避免碎烂。

有纤维纹路的原料，要根据不同的性质，采用顺切、横切、斜切等不同切法，既要切散原料的纤维组织，便于咀嚼，又要保持切后形状完整，有利于菜肴造型。

还值得注意的是，无论运用哪种切法、使用哪种原料，也不管切成什么形状，都有一个共同的要求：切匀。

切：练刀工从这里开始

切得均匀，是对切制刀法的基本要求。凡是切制成形的成品或半成品，无论是丝，是丁，是条，是片，或是其他任何形状，都应切得粗细均匀，长短相等，大小一致，整齐划一，清爽利落。

只有切成这样，才有可能使菜肴的色、香、味、形和营养俱佳。否则，不仅影响菜肴“形”的美观，烹调时也不易于掌握火候，造成细薄的入味先熟，粗厚的乏味后熟，等到粗厚的熟透时，细薄的已经质老、散碎，甚至烧焦，使菜肴的颜色、滋味、质地和营养素都受到不同程度的影响。

在烹饪教学中，刀工课的老师曾讲过这样一个案例：厨师不会切土豆丝。

说的是一家饭店的厨师，依照菜谱上的“酸辣土豆丝”备料。切土豆时，开始还有“丝”的韵味，接着就是“条”，然后是“片”，最后绝大部分是“块”！

这道菜端上顾客的餐桌，由于“丝”的比例太少，顾客给这道菜改了名：酸辣土豆，去掉了“丝”字。对这道名不符实的菜肴，顾客提出两条要求：一是退货，二是降价。结果，饭店满足了顾客“降价”的要求。这位不会切土豆丝的厨师，也受到了“降职”的“处分”——由厨师变回厨工，从头切来。

老师所以经常向学员讲述这个案例，一是强调刀工的重要，厨师必须掌握刀工技术，才能适应工作需要；二是因为刀工课进入实际操作阶段，通常要从切开始。切是片、斩、剁、劈、旋、雕刻等多种刀法的基础。

名师大厨的经验证明，在烹饪行业，初学者落下的第一刀，应该是切。从切入门，再了解各种刀法之间的内在联系，

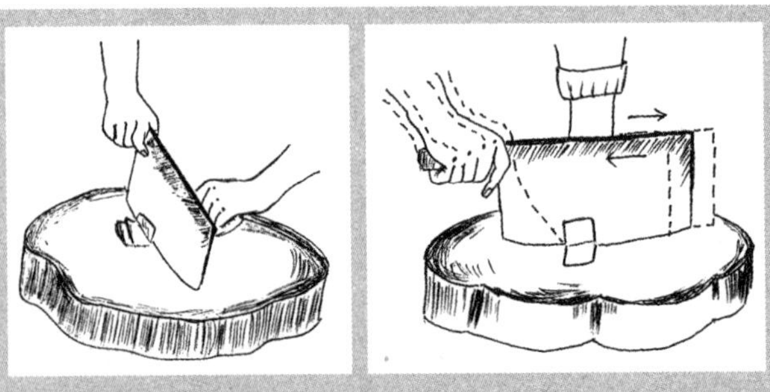

直切　　拉切

学习和掌握其他刀法，循序渐进，就能收到事半功倍的效果。好的刀工技术在身，能受益长远。

2003年11月10日，《中国医药报》在“寿星故事”专栏里，讲述了一位“切菜老人”的故事：在湖南省邵东县田铺乡，有位百岁老人周秀英，从16岁开始切菜，土豆、白菜、萝卜，无所不切，最拿手的是切红薯。在过去那个缺吃少穿的年代，红薯是当地的主食。把红薯切成红薯条、红薯丝、红薯米，不仅是“大锅饭”的原料，还是上交的“公粮”。男男女女集中在一起切红薯时，周秀英总是切得最快、最匀，送到国家粮库检验时，总是甲等。在几个村子联合举行的“切薯大赛”上，周秀英一举夺得冠军，被誉为“红旗手”、“一把刀”。步入晚年的周秀英，仍时常展示她的拿手活——切菜。她百岁生日那天切土豆的照片，印在报纸上，名师大厨们看了，无不赞叹老人家刀工操作规范！

菜刀在握，切将下去，就应该在“一刀准”上下功夫。“一刀准”，刀面边缘整齐光滑，无毛渣，形状整齐美观，还能提高切制速度，节约原料，减少浪费。练好“一刀准”，才能“刀刀准”。

滚切

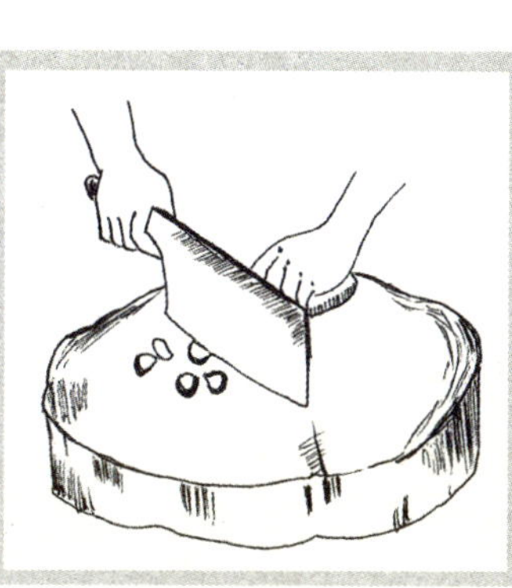

切。刀工操作，
从这里开始。

北京丰泽园的宫保鸡丁，选用上好的鸡脯肉，一律切成均匀见方的“骰子”丁。

北京东来顺的涮羊肉，不管是净瘦肉的“黄瓜条”、肥瘦相间的“上脑”，还是肥多瘦少的“三岔”，每斤肉必须切出80到100片。切出79片就太厚了，切出101片就太薄了。

这“硬指标”，就像《登徒子好色赋》一书中说的东家之子：“增之一分则太长，减之一分则太短，着粉则太白，施粉则太赤。”一切都得是那么的恰到好处。当然，肉切多少片是数得出来的，要求“多一片太薄、少一片太厚”，并不是“玄乎”，而是强调切的功夫！

切：窍门多多

刀工中的切制刀法，也和做其他事情一样，坚持不懈，熟能生巧，而且窍门多多。

肉，是经常用于切制的烹饪原料。肉的部位不同、老嫩不同、纹路不同，不同菜肴对肉的要求不同，切肉的方法也就各有窍门不同：

顺切。顺着肌肉的纹路切。这种切法适用于质地细嫩、易碎、含水分多，结缔组织少的原料。例如：猪里脊、鸡胸脯、鱼肉。顺切出来的猪肉丝、鸡肉丁、鱼肉片，制成菜肴后，既能保证质量，又形状整齐美观。否则，菜肴容易成为粒屑状，甚至造成烹饪失败。

斜切。斜着肌肉的纹路切。这种切法适用于质地较嫩的猪臀尖、磨档等。斜着纹路切，能使菜肴的质地一致，不软不硬，口感更加鲜嫩。否则，成菜后，同样原料却会出现不同形状、不同质地、不同口感的尴尬。

顶切。顶切也称“横切”。就是顶着肌肉的纹路切。这种切法适用于质地较老，纤维粗硬，结缔组织较多的牛肉、哈力巴等。顶纹路切，菜肴口感好，易于成熟和消化吸收。否则，原料经加热后，质地老化，不易咀嚼。

看似平常的切肉，原来并不是简单的“化整为零”，还要考虑到成菜后的造型、口感、口味、营养。而这一切，在切的时候就有窍门可找了。

有时，为了切的方便和提高切的质量，还要对原料进行一番“改造”。例如，切海带时，海带发粘，不好切。这是因为海带中含有一种叫“褐藻酸钠”的胶质。这种胶质不溶于普通水，切制之后，多次洗涤，还是发粘，不爽落。如果把干海带放到笼屉里，干蒸30分钟后取出，褐藻酸钠胶质就凝固了。然后，通过水浸泡涨发，不仅好切，也不粘了，还能减少海带营养素的损失。

初练切法，常常不得要领，切得别扭，切得吃力。这时，多问几个为什么，找到了原因，也就找到了窍门：

为什么切制时左手要呈蟹爬形？蟹爬形，是指五指略微并拢，指尖向手心弯曲，按稳原料，手掌依托原料或砧墩上。左手呈蟹爬形，按料有力，稳妥又不滑动，便于切制。刀起刀落，不偏不倚，能准确掌握原料的形状和刀距，切制的成品整齐划一，还能防止碰伤手指。左手呈蟹爬形，加上持刀右手的配合，左手随刀向后移动，就可以有节奏地切制了。

为什么切片时会出现薄厚不匀的现象？切片时出现一片薄一片厚或一边厚一边薄的现象，主要有五个方面的原因：一是切制时按料不稳，前实后松或后实前松；二是进刀时用力不均；三是刀与原料不垂直或左右偏斜；四是原料形体既大又高，刀钝料硬；五是砧墩凸凹不平。

为什么切丝时会出现粗细长短不等的现象？这也是主要有五个方面的原因：一是片切得不标准，一片薄一片厚，或切成了一头薄一头厚的刀背形；二是叠片不整齐，前后左右错位；三是片叠得过高，造成倒塌；四是切制时按料不稳，原料滑动，造成跑刀；五是操作时精力不集中，两手配合不当，时快时慢，下刀不准，前后左右偏斜，刀距不相等。

知道了诸如此类的“为什么”，再加上勤切勤练，也就可以在前面提到的“酸辣土豆”里加上“丝”字了。

行文至此，使笔者想起第四届全国烹饪大赛西安赛区一位名厨的话，他对身边的徒弟说：“谁都能切，可未必谁都会切。从切开始，练好刀工，用好窍门。切切！”

切制刀法菜例

扣三丝

原料

熟猪坐臀肉1.25克，熟火腿30克，熟鸡脯肉10克，熟笋丝(或茭白)75克，水发香菇1只，生猪肉丝100克，盐6.5克，味精1.5克，绍酒1克，鸡清汤750克，清熟油少许。

制法

猪坐臀肉、火腿、鸡脯肉、笋切成6厘米长的细丝。

取一个容器，将香菇修齐，黑面平贴在容器底部中央。火腿丝分成3份，顺丝理成锥形的等份，排列在容器内。笋丝分成3份，2份理齐，放在两个空档里。鸡丝顺丝理齐，放在另一个空档里。猪坐臀肉与1份笋丝混合，填满容器空间，揿紧压实。加进绍酒0.5克、盐1克、味精0.5克、鸡汤25克。上笼蒸10分钟，取出复扣在盆中。

鸡清汤加热，放入生肉丝，待汤将沸、肉丝上浮时，捞出肉丝，随之撇净浮沫，加入调味料，倒入三丝盆中，滴清油，上桌，揭去扣碗。

特点

色泽清淡雅致。刀工精细，造型美观。三丝拌和后，清鲜爽口，汤汁香醇。

淡糟香螺片

原料

活香螺200克，红糟15克，净冬笋75克，水发香菇10克，葱白2根，蒜瓣1.5克，姜1克，白酱油15克，味精3克，绍酒20克，白糖10克，上汤50克，湿淀粉10克，香油5克，花生油250克（约耗25克）。

制法

将香螺洗净去壳取肉，除去尾部，用竹刷去污，清水洗净，然后切成薄片（越薄越好），冬笋、花菇切成同螺片相似的片，葱白切马蹄形片。

将螺片放入六成热水锅中氽一下，捞起，用绍酒(10克)抓匀稍腌，将上汤、味精、葱片、白糖、白酱油、湿淀粉拌匀，调成卤汁。

炒锅放在旺火上，下花生油，烧到七成热时，放入冬笋片，炸1分钟，倒进漏勺沥去油，炒锅留余油(15克)放在旺火上烧热，先将蒜、姜下锅稍煸，再加入红糟、绍酒(10克)熘炒一下，然后放入花菇、冬笋，用卤汁芡至汁粘时，将氽好的螺片放入，颠炒几下，装入盘中，淋上香油即成。

特点

色泽浅红，质地脆嫩，糟香味美，具有浓郁的地方风味特色。

龙身凤尾虾

原料

海虾(30只)1000克，火腿肉75克，水发香菇15克，净冬笋

50克，葱白2根，味精1.5克，香油10克，绍酒25克，精盐2.5克，淀粉10克，花生油500克(耗50克)，上汤50克。

制法

将香菇、冬笋切小片，葱切马蹄片。

虾去头，剥去中身壳，留尾壳，放在砧墩上，从虾背直割一刀至尾(不要割断)摊开，用刀面轻轻拍平。将火褪肉切成5厘米长的条状，横放在虾尾部(每头虾用一条)，撒上淀粉，从尾部将虾卷起。

炒锅放在旺火上，将虾倒入热锅冷油中，过油后，倒进漏勺沥出油。

炒锅留余油10克，放在中火上烧热，放入绍酒、香油、上汤，味精、精盐和配料，再倒入虾，快速翻炒几下，装盘即成。

特点

此菜身似龙，尾如凤，色洁白，汤鲜美。

片：刀工中的另类

片，既是刀法又是形

在中国烹饪活动中，有个独一无二的现象——一个“片”字两处用：“刀工”里有“片”，“原料成形”里也有“片”。

对烹饪原料进行加工时，常常采用片的刀法——推刀片、拉刀片、斜刀片、抖刀片……

对菜肴造型时，常常需要大小不等、薄厚不同、形状各异的片的形状——柳叶片、月牙片、象眼片、腰子片……

细数烹饪刀法中的各种刀法，盘点烹饪原料的各种形状，惟有“片”，既可与切、斩、剁、劈相提并论，又能与块、丝、

推刀片

斜刀片

条、段相得益彰。片，成了刀工中的另类——既是刀法又是形。

夫妻肺片，蚝油鲍片，锅巴肉片，六安瓜片……一道道名菜，既有片的刀法，又有片的形状。

我们先来看看片的刀法：

一、平刀片。左手按住原料，右手持刀，将刀身放平，使刀面与砧墩几乎平行，刀刃从原料的右侧片进，全刀着力，向左作平行运动，直到将原料片开。从原料底部靠近砧墩的部位开始片，是下片法；从原料上端一层层向下片，是上片法。平片法，适用于豆腐、鸡鸭血、肉皮冻的刀工处理。

二、推刀片。左手按稳原料，右手执刀，放平刀身，使刀身与砧墩呈几乎平行状态，刀刃从原料的右侧片进，逐渐向左移推，直到将原料片开。推刀片，多用于煮熟的、嫩脆的原料。例如：嫩笋、鲜蘑、熟胡萝卜。

三、拉刀片。同推刀片的角度一样，不同之处在于：推刀片时，刀身直接向前移动，而拉刀片则是刀身随着腕力轻轻左右移动，使刀刃在原料中呈现平面左右移动状态，将原料片开。拉刀片，多用于较韧性的原料，例如：猪肉、牛肉、鹿肉。

四、斜刀片。左手揿稳原料左端，右手执刀。刀口方向偏左，刀身倾斜，从原料表面靠近左手的部位向左下方运动，用呈倾斜度的刀刃片进原料，直到将原料片开。斜刀片，多用于质地软、无骨和形体较薄的原料。例如：鸡、猪腰、熟肚。

五、抖刀片。左手指分开，按住原料。右手握刀，从原料右侧片进，刀刃向上均匀抖动，呈波浪形运动，直到把原料片开。蛋白糕、猪肾、黄瓜、豆腐干等软嫩、无骨或脆性原料，采用抖刀片法，能片出别具一格的波浪形、锯齿形，使菜肴造型更美观。

六、锯刀片。这是将推刀片与拉刀片连贯起来的一种刀法。左手按住原料，右手持刀，将刀刃片进原料后，先向左前方推，再向后右方拉。一前一后，一推一拉，如同拉锯，直到把原料片断。火腿、大块腿肉等原料，无骨、块大、韧性和硬性较强，适于锯刀片法。

七、滚料片。左手按住原料，右手放平刀身，刀刃从原料右侧底部片进后，平行向前移动时，左手扶住原料向左滚动，边片边滚，直至片成薄而长的片状。黄瓜、红肠、丝瓜等圆形、圆柱形原料，都可通过滚料片，加工成长方片。

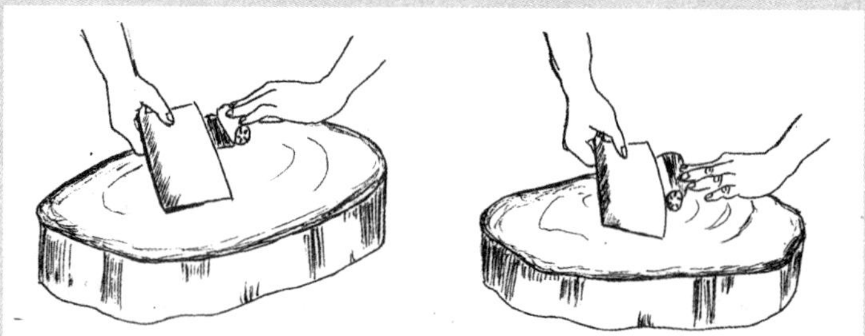

滚刀片

八、正刀片。正刀片也称正斜片。左手手指按住原料左端，右手将刀身倾斜，刀刃向左片进原料后，立即向左下方运动，直到原料断开。每片下一片原料，左手指立即将片移开，再按住原料左端，等第二刀片入。正刀片与其他片法相比，有“小料大用”的独特优势。正刀片时，刀倾斜片入原料，加工出来的片面积比直刀片的横断面大。在加工青鱼片时，鱼肉的厚度达不到成型规格，只有正刀片，才能使鱼肉“由薄变厚”。

九、反刀片。反刀片也称反斜片。左手按住原料，右手持刀，刀身倾斜，刀背向里，刀刃向外，刀刃片进原料后，由里向外运动，直到把原料片断。每片一刀，左手向后移动一次，每次向后移动的距离相等，以保证片的形状大小厚薄一致。反刀片适用于黄瓜、白菜梗、豆腐等脆性或软性原料。

哦，不片不知道，片法真不少——常用的，就有9种之多！

采用不同的片法，片出来的片，有大有小，有厚有薄，形状也不一样。

清真名菜“滑炒牛柳”的牛肉片，形如柳叶——“柳叶片”； 广东名菜“烧双冬”里的笋片，像个弯弯的月牙——“月牙片”；四川名菜“宫保鸡丁”配料里的姜片，形同指

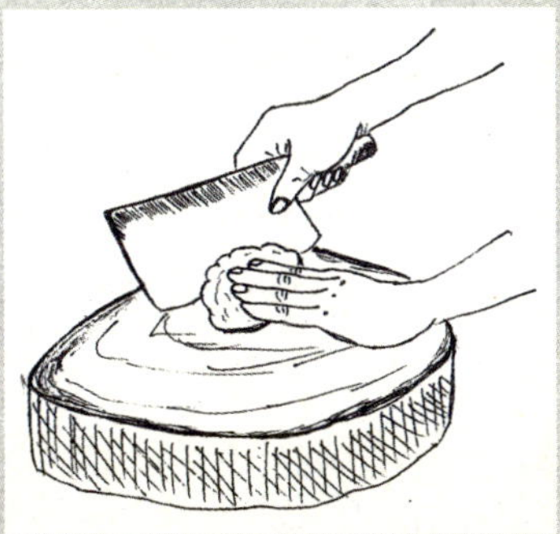

正刀片

甲——“指甲片”；山东名菜“油爆鲜带子”配料里的青椒，酷似象的眼睛——“象眼片”；浙江名菜“腰子清炒虾仁”配料里的金笋片，形如腰子——腰子片……

片，不都是片出来的

写下这个小标题，笔者开始也觉得有些费解：前面已经写到片的刀法和片出的各种片。片，怎么又不都是片出来的呢？

烹饪中的“片”，果真费思量！

笔者查阅了《中国烹饪百科全书》、《烹饪原料加工技术》、《实用烹饪刀工》等一部部烹饪专著，又重新研读一篇篇关于烹饪刀工的报刊资料，“看百样书写千字文”，还是保留了这个小标题：片，不都是片出来的。

有的片是切出来的。一些质地坚硬、形状厚大的原料，得先去除瓤、皮、筋、骨，然后切成片，或者先将原料切成长条，再切制成片。蒜泥白肉、烤羊肉串、烤鹿肉串所用的肉片，都是采用锯切刀法切成的片。水果和蔬菜类原料，大都可以直接切制成片。

有的片是削出来的。一些体长形圆，放在砧墩上不易按稳的原料，往往要采用削的刀法制成片。茄子片就是削出来的。削出来的片，片形略长、略宽。

切也成片，削也成片，只是那些不便于削也不易切整齐的原料，因为质地松软或形状扁薄，才采用片的刀法，片成片状。

片，不都是片出来的。加工片的刀法不同，片的形状也各不相同：牛舌片、刨花片、鱼鳃片、骨牌片、斧楞片、双飞片、灯影片、梳子片、指甲片、凤眼片……

给各种各样的片命名，不是根据刀法，而是根据形状。例如：

柳叶片。这种片薄而窄长，像柳树的叶子。一般用切或削的刀法加工而成。

象眼片，也叫菱形片。这种片很薄，酷似大象的眼睛。一般用切或片的刀法加工而成。

月牙片。先将圆形或近似圆形的原料切成两半，再顶刀切成半圆形的片。

夹刀片。将原料的一端切开，成为两片，而另一端连在一起。这样的夹刀片，一般采用切的刀法，一刀不断，一刀切断。

磨刀片。将原料平放在砧墩上，用刀自左至右一刀一刀地片下去，像磨刀一样。磨刀片一般采用斜刀片的刀法。

各种各样的片，有厚薄之分。习惯上，人们把0.7厘米以上的片叫厚片，把厚度在0.3厘米以内的片叫薄片。

一般来说，汆汤用的片，小而薄一些；爆、熘、炒用的片，大而厚一些。鱼、豆腐等质地松软又容易碎散的原料，要片得厚一些；鸡片、肉片、笋片、萝卜片等质地较坚硬或带有韧性、脆性的原料，要片得薄一些。

厚片薄片，大片小片，不仅能满足人们物质享受的需要，也能满足人们精神享受的需要——美的享受。刀工能创造美。滋味可口又形状美观的片，令人赏心悦目！

片，在烹饪刀法占有重要地位。

片，在原料形状中占有重要地位。

片，是烹饪技术不可缺少的重要组成部分。

片，是烹饪过程中的重要工序之一。

在或切或削或片各种各样的片时，刀工好的厨师都能做到以下几点：

一、持刀平稳，用力轻重一致。

二、左手按料稳，不轻不重。

三、片的过程中，随时保持墩面干净。

四、随时将刀擦干。

五、巧用各种刀法，加工形状各异的片。

片，刀工中的表演项目

提起烹调五味香的厨师，人们赞誉他们是“幕后英雄”。这是因为，煎、炒、烹、炸等烹调加工，要在“厨房重地”进行；刀工处理，更需在“闲人免进”的原料加工间完成，总不能当着客人面，又斩又剁，连砍带劈。

中国人一向认为，无论生熟食物的切割，都是厨师的分内之事。饭店里的香酥鸡、香酥鸭、烤乳猪，虽然都是整只烤制，但烤好之后，还需切好，放到盘子里，码齐，端上客人的餐桌。这道被称为“改刀”的工序，依然要在厨房里完成，厨师仍然在“幕后”。

然而，片的刀法，却能给厨师提供了一个走上“前台”的机会。他们与客人“面对面”，表演精堪的刀工技艺。

在北京，有很多饭店经营“北京烤鸭”，整只烤鸭烤好之后，先端到客人面前亮个相，然后由厨师现场表演“片盘”，一只烤鸭片出100多片。客人无须舞刀弄叉，拿起筷子夹现成的吃。厨师则情愿这种服务，不轻易放弃当众展示刀工技艺的机会，且对自己的技艺颇感自豪！

在吉林，有一道传统名菜“抽刀白肉”，被收入《中国

斜刀片

烹饪百科全书》。这道名菜创制于1927年。当时，在吉林省朝阳镇春和园司厨的田福师傅，采用刀切、刨子刨等多种办法加工猪腰排的五花肉，结果不是片厚了，就是片短了。经过反复试验之后，田师傅发明一把50厘米长的片刀，居然片出40厘米长的猪肉片，还能隔肉看清纸上的字迹。这又长又薄的肉片，人们喜欢当场吃，喜欢用其馈赠亲友，还喜欢欣赏田师傅大刀“抽”肉片的娴熟刀技！

在日本，生鱼片是很著名的。生而不腥，肥而不腻。日本人吃生鱼片时，一次要吃许多种，不同的鱼片盛到一个盘子里，往往分不清是哪一种鱼，为了加以区别，便把各种鱼的鱼鳍插在鱼片上，这样就有了“刺身”之说，日语中的“生鱼片”，也就写成“刺身”了。这“刺身”之身，根据鱼的种类和新鲜度不同，要分别加工成薄片、中片、厚片，有的还需加工成丝条片、波纹片和菊花、树叶、钱币等图形片，不仅加工片的难度大，而且下刀要极其迅速，不能让鱼片上留有刀的铁腥味。

各种形状的烹饪原料，在厨师的片刀之下，变成了各种各样的片。这一过程，也常常是厨师刀工技艺的表演项目，颇能吸引人们观赏的眼球。

所以，片刀比其他烹饪刀具“露脸”的机会多。

片刀，也叫薄刀，重量较轻，刀身较窄而薄，钢质纯，刀口锋利，使用灵活方便。片刀主要用于加工片，有时也用来加工条和丝。

有一种专门用来加工羊肉片的片刀，也叫涮羊肉刀。这种刀，刀身薄，重量只有500克左右，刀口锋利，刀刃中部呈弓形，片羊肉片的效果特别好。

有一种烤鸭刀，也叫小片刀，窄而短，重量轻，刀刃锋利，专门用于片熟烤鸭肉。

还有一种专片白水羊头的大片刀。这大片刀，是将原来的“快刀”加长，由1尺多长变为2尺多长。举刀一片，肉皮薄而不碎，弹性强，半透明。厨师当众表演“快刀薄片”，现片现卖，成为北京清真饭馆里独特的一景。

片刀不同，片法不同，片片有别。在2003年举办的中国·太原国际面食节上，一位大厨表演“大刀面”的绝活之后，观众中有人赞叹道：“这手绝活真叫绝！烹饪刀工的片，原料成形的片，都是骗不了人的！”

片制刀法菜例

裴翠珍珠鲍

原料

鲍鱼10只（约250克），鲜河虾750克，干贝珠10克，梅500克，上汤250克，时鲜青菜芯500克，鸡蛋1个，精盐5克，味精25克，干淀粉10克，花生油50克。

制法

鲍鱼洗净发烂、片平，加上汤及调料煨10分钟，压干水分，河虾去壳剁成泥，起盖洗净炊熟，取肉。

将河虾肉泥、肉加蛋清搅匀成糊状，用手挤压成10粒小圆球，放在鲍鱼上（每只鲍鱼放一粒），再在虾球上放一个炊熟的干贝球，而后上笼屉蒸3分钟取出，排入盘中。

炒锅放旺火，下花生油50克，将时鲜青菜丝下锅炒熟，排在鲍鱼周围，再以干淀粉和上汤在锅中勾芡成白卤，淋在鲍鱼上面即成。

特点

此菜系海味佳品，质地软嫩滋润，色美味鲜。

白汁玉翅

原料

水发玉兰笋尖600克，江贝25克，小棵菜心10棵，姜汁5

克，细盐10克，料酒15克，味精1克，白糖1.5克，熟猪油500克(约耗75克)，上等奶汤400克，麻油15克，湿淀粉15克。

制法

玉兰笋撕去笋衣。菜心洗净，根部用刀修成橄榄形。江贝放适量清水，下料酒，姜汁数滴，上笼蒸15分钟取出。

用刀将玉兰笋尖从尖端向根部横片成薄片(不能片至尽头)，至接近尾端l厘米处停止，如此从上至下片完，再用刀尖离根部l厘米处直切成细丝(如火柴梗粗)，这样就形成了小荷包鱼翅形状。逐个切片，制成笋翅。

炒锅洗净置火上，舀入猪油烧至八成热，投入笋翅，炸至水分将干呈淡黄色时，倒入漏勺沥油。

取碗一个，放入笋翅，倒入江贝及卤汁，上笼以旺火蒸半小时取出。

炒锅洗净上火，下熟猪油50克烧热，投入菜心稍煸，舀入奶汤，倒下江贝笋翅，以调味品调味后稍烩片刻，再以湿淀粉勾芡，起锅装盘，淋上麻油即成。

特点

此菜刀功极细，笋似鱼翅，素菜荤做，味鲜汁浓，脆嫩爽口。

芙蓉海参

原料

水发海参250克，蛋清l 5个，清汤750克，香菜叶少许，大红樱桃半个(或火腿片，鲜红柿子，辣椒，红番茄，山楂糕)，味精、料酒、盐水、清汤适量。

制法

将发好的海参选几个整齐的顺长切成20片，留4片外，每片海参靠一边切成花边，用开水氽后，抹去水分，其余的除切少许细丝外，均切成大棱形片。

蛋清用筷子搅打均匀，放入味精、料酒、盐水、清汤搅匀，先用一半放入切好的海参片拌匀，倒入鱼形盘里，上笼蒸透，再倒另一半，上笼蒸透取出。

在蒸好的蛋清上方的顺长方向，靠右边用片好的海参摆成两棵椰子树，靠左边用红樱桃象征日出，往下用海参丝摆几只海鸥，再往下用海参丝摆几只小船，再用白纸盖住，上笼蒸透取出，树根处放上香菜叶即成。

特点

形如国画，鲜嫩利口。

削：各种刀法的基础

削：人们最早接触的刀工技术

在构思《厨行天下——烹饪刀工》这本书的写作时，我思考再三，决定从切法写起。这是因为，历史上的拜师学厨和现代的烹饪教育都已证明，厨师学习和掌握刀工技艺，最好是从切开始。于是，便以《切：学厨第一刀》为本书开篇。随后，我投入了更大的精力和更多的时间，“切入”烹饪刀工种种技法的探究……

当写及“削”时，我注意到，已写过的“切”，强调进入厨行以后“从切开始”练刀工。其实，人们最早学习和掌握刀法，是从削开始的。有了动手能力之后，第一次操刀动作，便是削——或模仿或由爸爸妈妈教会了削苹果；走进学前班或校园之后，第一次操刀动作也是削——学会了削铅笔；长大之后，如果进入了厨行，既得益于从前的削的种种经历，又需要进一步学习和掌握削的技艺。

削，是厨师常用的刀法之一。

削的刀法有两种：一种是左手持原料，右手持刀，刀刃向外，对准要削的部位，一刀一刀地按顺序削；另一种是左手持原料，右手持刀，刀刃向里，对准要削的部位，一刀一刀地按

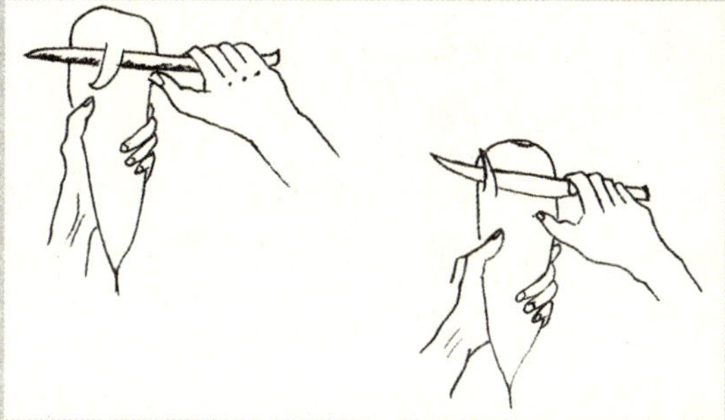

削

顺序削。通常，削的刀法用于以下三个方面：

一、原料去皮。用刀平着去削去原料表面的皮。例如：削土豆皮、削山药皮、削鲜笋皮、削莴苣皮、削黄瓜皮。

二、将原料加工成一定的形状。一些体长形圆，放在砧墩上不易按稳的原料，往往要用削的刀法制成片。茄子片就不是片出来的，也不是切出来的，而是削出来的。

三、食品雕刻的一种基本刀法。削的刀法，用在食品雕刻中，具有一定的特殊性，不同于热菜和冷菜所使用的削法。根据原料的质地、性能和雕品需要，灵活运用削的刀法，使雕品形象逼真。一般来说，用于雕刻的原料，首先要削得平整光滑，还要削出雕品的轮廓。这实际上是通过削对雕刻原料进行初步加工。雕刻中的削法，又分为两种刀法：推削和拉削。推削，刀刃向外，刀背向里，紧贴原料用力向前推削；拉削，刀刃向里，刀背向外，削的方向与推削相反。

削，在原料去皮、原料成形和食品雕刻中，不仅具有其他刀工无可替代的作用，而且常为其他刀法“打头阵”，在各种原料的初加工中大显神通：很多原料要先去皮，再改刀，削在其他刀法之前；加工茄子之类体长形圆的原料，也会首先想到削；食品雕刻，首先下刀的，往往是削。

然而，削法却没有专用的刀具，不同于切有切刀，片有片刀，砍有砍刀，刮有刮刀，刻有刻刀。各种各样的厨刀，根据削的需要，几乎都可用来一削！

厨刀，根据不同形状和各地的不同习惯，分为马头刀、方头刀、圆头刀、北京刀等，却没有“削刀”之说。削与所有厨刀“通用”。这就给厨刀提出了更高的要求：钢质纯，钢火适中，锋利，不锈，确保顺利操作和削后原料形状整齐、均匀、利落、美观，符合烹饪要求。厨刀，唯有锋利，用来削时，才能收到“削铁如泥”的效果！

一把厨刀拿在手里，施展削的刀法，必须集中精力，看准部位，然后再削。这样，既不容易伤手，又便于掌握去皮的厚薄和原料形状。

削：在菜肴制作和食品雕刻中的应用

下面我们来看一道菜肴和一个食品雕刻的实例：

炸荸荠夹子。这是一道传统京菜。原料：大荸荠24只，京糕150克，鸡蛋清2只，大米粉75克，面粉50克，红绿丝10克，绵白糖40克，熟猪油1,000克（实耗100克）。制法：1．将大荸荠削去皮，洗净，直切成0.3厘米厚的圆片，京糕也切成略小于荸荠片的圆片；在两片荸荠片中间夹一片京糕片，即成荸荠夹子生坯。将鸡蛋清、大米粉、面粉、水搅成蛋清糊。2．炒锅上火，舀入熟猪油，待油四成热时，将荸荠子生坯沾上蛋清糊，放入油锅里炸，至里熟外结壳时，捞起沥油；待油六成热时，放入荸荠夹子，炸至淡黄色，捞起装盘，撒上绵白糖、红绿丝即成。

凤凰头。这是一个具有代表性的食品雕刻作品。命题：凤凰头。定型：整雕。正面站立姿势，高度为10厘米。布局：用白萝卜刻出凤头正面站立形象。用紫心萝卜刻出凤冠，用牙签插于头中心，用两粒鸳鸯豆按在萝卜上端，作凤凰的眼睛。雕刻：1．将白萝卜切出10厘米长的段，按萝卜段大小分好凤头、颈、身的比例，用平口刀削出大体轮廓。2．从嘴部开始，由上而下，刻出固定线条形象。3．在修好的形象上，用5号圆口刀戳刻羽毛，刻一层修一层，层与层之间插空交错进行。4．将紫心萝卜削去外皮，刻成凤冠形态。5．把刻好的凤冠镶入头顶中心，用牙签固定住，然后在凤头两侧的眼窝处装上鸳鸯豆。这样，一个完整的凤凰头就雕刻成功了。

这两个实例，有一个共同的特点：在刀工处理上都施用削的刀法。

烹制“炸荸荠夹子”，首先要“将大荸荠削去皮”，然后才能进行洗、切、制成生坯、上糊、油炸、撒上绵白糖和红绿丝。制作这道菜肴，削在切法和多种烹调技法之前。

雕刻“凤凰头”，一削再削：先是“用平口刀削出大体轮廓”，还要“将紫心萝卜削去外皮，刻成凤冠形态”。

削的刀法，在茎菜类、茄果类原料的初步加工中，随处可用：

藕、莴苣、土豆、毛芋头等带皮的原料，需要削去外皮。

冬笋、茭白等带毛壳的原料，需要削去老根和硬皮。

萝卜、胡萝卜，需要削去头部和尾部的老皮。

西胡芦、冬瓜，削去外皮之后，才能从中间切开，挖去种瓤。

茄子，需要去蒂并削去外皮，茄片或茄块通常也是削出来的。

削法的去皮效果好，被广为运用。但是，并非所有烹饪原料的去皮加工都由削来完成。苹果去皮，就不用削，而是采用旋刀法旋出来的——苹果在一只手里不停地转动，刀刃旋去苹果的外皮。

总起来说，削一般是指将植物原料的外皮削去。削皮的工具主要是刮皮刀或小型片刀、小刀。

运用削的刀法，要掌握两个要领：一是刀要锋利，刀不锋利，既影响削的速度，又影响削后原料的外表质量；二是用力要均匀，用力不均匀，深一下浅一下，会把原料“连皮带肉”一起削下来。

削：在面食制作中的应用

翻开《中国烹饪百科全书》，对削制刀法的解释，出现在“面点成形”条目里：

“将面团削成窄长条的方法。多用于制作面条，如刀削面。一般用左手将揉成长方形的面团托在胸前，对准煮锅，右手持削面刀（呈瓦形），对准面团，向前推削，使削下的面条落入锅中，刀再返回，如此反复推削。操作时注意面团要硬，一般500克面粉加水150克左右；刀口要与面团持平，削出返回，不能抬刀过高，以不超出3厘米为度；第一刀要从面团下端中间开刀，第二刀由开刀口上端削出，即削在第一刀的刀口上；削出的条要宽厚一致，呈三棱形。”

削，不仅应用在菜肴制作和食品雕刻之中，还是面点成形的“高手”！

制作三棱形、柳叶两尖形、长度为20至40厘米的面条，那就非削不可了。这种削出来的面条，被称为“刀削面”。

刀削面，早在清代的《素食说略》中就有记载：“削面，面和硬，须多揉，愈揉愈佳。作长块置掌中，以快刀削细长薄片，入卤水煮出，用汤或卤浇食，甚有别趣。”

时至今日，刀削面仍随处可见，而且在制作方法和吃法上，更加多样化了：

将面粉加水调制成面团，略饧后揉成前端较小、后端较大的长圆柱形。然后，左手托面，右手执弯形钢片刀，顺着面团的平面，一刀接一刀往前削。后一刀的刀口，落在前一刀的棱线上，削出来的是三棱形——柳叶两尖。技艺精湛的面案师傅，每分钟能削出100多刀，削出的面条，像一条条腾空而起的飞鱼，一条接一条；又像空中飘落的柳叶，一叶接一叶。有人为刀削面写下赞美诗：“一叶落锅一叶飘，一叶离面又出刀，银鱼落水翻白浪，柳叶乘风下树梢。”

制作面食，削和搓、卷、捏、摺、叠、擀、按等技法一样，是决定面点形态、形成面点风味特色的重要环节。

削的可贵之处还在于，它颇具表演性，为不大受重视的面案壮腰争气，在缩短“红案红”与“面案面”的差距上，立了大功！

2003年举办的中国·太原国际面食节给人们留下了这些难忘的镜头：

由山西各地61位面食师傅组成的面食表演队，在杏黄旗的引导下，一一登场。他们共表演了7种绝技，其中3种是“刀技”：

飞刀削面：由14人表演。师傅们左手拿面，右手持刀，手腕灵，持刀平，快削如飞，面片形如柳叶，又薄又细又长，一片追赶一片，如流星追月，似银鱼戏水。

刀拨面：由8人表演。每人手持一把两头带把的刀，拨出的面呈三棱形。刀与面案的撞击声，齐唰唰，响咚咚，犹如骏马奋蹄。

大刀切面：表演者是来自东坡削面王饭店的名厨，他手中的大刀好重——9公斤！

削制刀法菜例

凤阳酿豆腐

原料

豆腐500克，猪肉75克，火腿25克，笋、冬菇各50克，荸荠5克，鸡蛋4个，淀粉100克，熟猪油750克(约耗75克)，黄酒10克，精盐5克，葱、姜末5克，味精0.5克，鸡汤500克。

制法

豆腐用刀削成直径为2.6厘米的圆柱体，然后片成0.7厘米厚的薄片，依次摆在盘中，共48片，在豆腐片上拍一层薄薄的

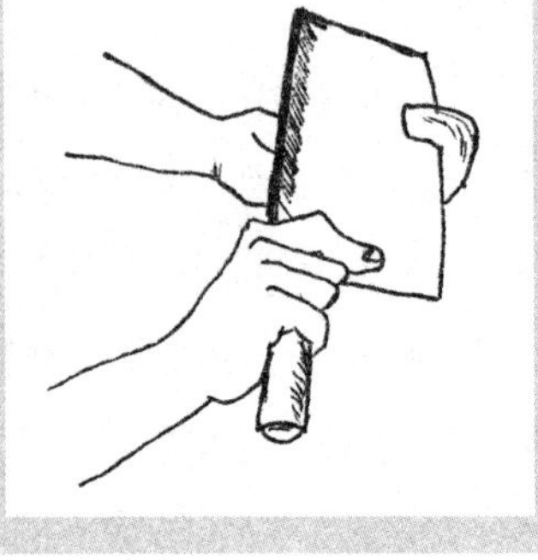

削

干淀粉待用。

鸡蛋打开，蛋清、蛋黄分别放在两只碗内。猪肉剁成泥状。火腿、冬菇、荸荠、笋都切成小丁，放在肉泥中，加入黄酒，精盐25克，味精、冷鸡汤搅拌成馅。在24片豆腐上依次放上肉馅一份，将另外24片豆腐盖在肉馅上，即成凤阳酿豆腐生坯。

将鸡蛋清搅打成泡沫状，加入淀粉75克，调拌成糊。

炒锅放在中火上，放入熟猪油，烧至五成热，将豆腐坯挂上蛋泡糊，逐个投入油锅中，炸至乳白色捞起，待油温六成热时，再将豆腐坯放入，炸至微黄，捞起沥油。

另用锅放在旺火上，放猪油15克烧热，投入葱姜末，煸炒出香味时，加鸡汤、盐、酱油、冬菇、笋片、火腿片、豆腐坯，烧开后，淋上熟猪油5克，起锅装盘即成。

特点

豆腐色泽杏黄，鲜嫩可口。

三元牛头

原料

牛头1个（重约15公斤），老母鸡2500克，猪肘子500克，熟火腿250克，干贝25克，口蘑25克，油菜心500克，胡萝卜250克，白萝卜500克，青笋500克，精盐15克，味精15克，绍酒150克，糖色25克，干辣椒5克，陈皮5克，鸡油150克，熟猪油100克，葱段250克，姜片100克，胡椒粉少许。

制法

把牛角锯去，整个放在火上烧焦皮面，用刀刮去焦面，看是否烧到毛根。若未烧到毛根，再继续烧刮，至烧尽毛根为止(烧时要先烧顶部，不要把皮烧裂)。烧刮后放在水内泡软，再刮尽焦面，整个放在锅内煮到能去骨时，捞在凉水内拆去骨(拆时要保持牛头皮肉整齐，不可弄破)。拆骨后再放水轻刮一遍，修去边沿不洁和碎烂部位。牛舌剥去表面粗皮，把头皮和舌改成5公分见方的块。用开水加葱(150克)、姜(50克)、绍酒(75克)出水三遍，每出水一次都用凉水冲洗，出水后用凉水泡上。

干贝去筋洗净，放碗内加清水蒸烂。口蘑用开水泡透，抠洗去泥沙，再用清水漂洗数遍，放一碗内，将澄清的口蘑汤徐徐倒入。胡萝卜、白萝卜、青笋削成大小一致的算盘珠形，与菜心分别入开水锅烫透，凉水过凉备用。

将母鸡、肘改刀成大块。用开水出透水，捞出，洗净沫子，放入铝锅内加入清水煮成汤。干辣椒去蒂、去籽，陈皮洗净，备用。

另备一铝锅，放入竹箅子，将牛头、牛舌皮面朝下整齐码在箅子上，上盖一竹箅子，将鸡、肘子、熟火腿、干贝(包一布包内)、口蘑(口蘑汤)、干辣椒、陈皮放入锅内。另用一炒锅，放入猪油烧热，下入葱段(100克)、姜片(50克)，煸炒出香味，冲入绍酒(75克)、糖色及煮好的汤，待汤烧开后，放入精盐、胡椒粉，调好味，倒入锅内，大火烧开，撇去沫子，用中火到牛头肉烂透汁浓时，另用一锅分别用汤将三元和菜心烧煨一下。取出牛肉整齐地码在盘中，菜心码四周，三元镶菜心中间。再把汤汁收酽，加入味精、鸡油，浇在牛头上即成。

特点

此菜是川菜的传统名菜，久负盛名。从选料、加工到烧煨，粗中见细，细中见精，精益求精。色泽红亮，汁浓味厚，质糯不粘。

开水白菜

原料

白菜10公斤，母鸡2500克，精盐15克，味精15克，绍酒10克，葱50克，姜5克，胡椒粉少许。

制法

白菜掰去老帮，选用嫩心。将白菜的根茎部削成圆锥形，削去帮上的筋膜，在圆锥形的顶部打十字花刀，冲洗干净。锅烧开水，将白菜心下入烫透，捞出用凉水冲凉，切去多余的菜叶部分，分成13.2厘米的小菜心，整齐地码放在汤盘内。

将母鸡的鸡脯，鸡芽子剔下，片去油脂，用刀背砸成茸状，放入小盆内加清水、葱、姜、绍酒、胡椒粉泻开，备用。

将余下的母鸡肉放入铝锅内，加清水烧开，撇去沫子，改小火使其微开，煮约5、6小时。

将煮好的汤过箩，撇去浮油，把清澄如水的汤倒入汤盘内，上屉旺火蒸透即成。

特点

此菜以汤比水，汤水溶一，真假难辨，犹如鲜嫩白菜放入开水中。汤清味鲜。

剁：厨房里的乐章

刀口能剁，刀背也能剁

剁，是烹饪活动中经常使用的一种刀法。剁饺子馅，剁肉，剁椒……

剁，《新华字典》的解释比较原则："用刀向下砍。"《中国烹饪百科全书》的解释则具体而又专业："将无骨原料制成泥茸状的一种直刀法。"

采用剁制刀法制成的菜肴，目前最抢风头的，当数"剁椒鱼头"。有资料显示，在餐饮行业的激烈竞争中，就连爱吃"鱼头豆腐汤"的南京，精于干烧鱼头的济南，偏好红焖鱼头的大连，也都争相改变"多年一贯制"的"口味"，在大江南北的大小饭店里，剁椒鱼头正"红运当头"！

这种叫"剁椒鱼头"的菜肴，是将鱼头一劈为二，又不劈断，是藕断丝连的那种。先用盐、料酒腌制鱼头，接着兑入豆豉、葱花、姜末等调成的汁，再满满地撒上剁碎的过油辣椒，用锅蒸熟。搬上餐桌的"剁椒鱼头"，红的是辣椒，绿的是香菜，白的是葱花，黄的是姜末，黑的是浏阳豆鼓，硕大肥美的是鱼头。不用说鱼肉松软嫩滑，味道鲜美，光是菜肴的色彩和形状，就够诱人的了！

这道菜里的“剁椒”，顾名思义，就是剁碎的辣椒。这里的剁，是指用刀口将原料剁碎。一般来说，辣椒之类的青菜，鸡肉、猪肉、牛肉、羊肉等禽畜类原料，都经常采用剁的刀法。因为这些原料含有筋络和纤维组织，只有用刀口剁的刀法，才能将筋络和纤维组织完全破坏——剁开。

与锋利的刀口相比，厚厚的刀背似乎只能充当“旁观者”，其实并非如此。虾仁制成虾胶，也需要剁。这个剁，要分两步走：第一步，用刀口将虾仁切碎；第二步，用刀背将虾仁剁碎。因为虾仁肉质纤维细嫩，只有用刀背剁，虾胶才更爽滑。

刀背剁，主要用于茸泥的加工。茸泥，因地区不同，叫法也不一样。广东叫“胶子”，四川叫“糁”，江苏叫“缔”，还有的地区叫“泥子”、“替子”、“料子”。叫法多，也说明应用范围广。茸泥在高中档菜肴中占有举足轻重的地位，是经常使用的精制半成品。茸泥不仅适应氽、蒸、煮、贴、卷等多种烹调方法，也不受原料限制，宜于搭配，可随心所欲制成花鸟虫鱼和花纹图案，使菜肴造型美观，增加花色品种。茸泥的吸色力强，还可以染上各种颜色，增强菜肴的美感。利用茸泥烹制的菜肴，质嫩味鲜，营养丰富，易于人体吸收。

茸泥应新鲜、细嫩、无筋、无骨、无皮、无膜、无异味、吸水力强。刀背剁是加工茸泥的最好方法，其好处在于：

一、能进一步破坏肌肉纤维组织，使肉变碎。

二、能使原料蛋白质析出较多的肌球朊，使茸泥增强粘性，更加细腻，从而提高茸泥吸水能力，更加软嫩。

三、易于原料的翻折铲起，拣出筋膜。制鱼茸时还能拣出小刺。

四、能防止砧墩木屑脱落，混入茸泥内。

刀背也能剁

五、起刀快而省力，能加快剁的速度，缩短加工时间，减轻劳动强度。

在用刀背剁制茸泥时，有经验的厨师常常在砧墩上垫一块含有少量脂肪的鲜猪皮。这是为什么呢？原来，剁制茸泥时，刀起刀落次数较多，时间较长，砧墩的木屑极易脱落，混入茸泥之中，影响茸泥的色泽、卫生和质量。在猪皮上剁制，既防止木屑脱落，洁净卫生，又不串味变色，还可以增加部分脂肪，提高茸泥质量。

在用刀背剁制茸泥时，有经验的厨师还常常巧妙地使用刀口。当茸泥剁的较为细腻时，就用刀口反复地叠抹几遍，使茸泥更加细腻，更有粘度，从而缩短剁制时间。在用刀口叠抹时，能进一步看清和清除茸泥上的筋膜。

刀口刀背都能用，这在各种刀法中，是剁制刀法所独有的。在施用切、片、刮、剞等多种刀法时，刀背都显得“无能为力”。唯有剁，能使刀的功能“最大化”。

手持菜刀一把，刀口能剁，刀背也能剁，厨行称之为“单刀剁”。

单刀能剁，双刀也能剁

单刀能剁，双刀也能剁。这又是剁制刀法的一个特殊本事！

双刀剁，即左手和右手各持一把菜刀，同时操作，从而提高剁制的效率。

双刀剁，也叫排剁。两刀间隔一定距离，从左至右，从右至左，有节奏地反复排剁。

排剁到一定程度时，及时翻动原料，直至剁成细腻均匀的茸泥状。最常见、最典型的排剁，是双刀剁肉馅。

馅，是经过剁制刀法处理后，大料变小变碎（也有用丝或丁做馅的），适用于煮、炸、卷、包、瓤、煎、蒸等多种烹调技法，应用范围极为广泛。

剁制成馅，好处多多：有利于原料的合理利用，综合利用，物尽其用；有利于破解肌肉纤维组织和结缔组织，缩短烹制时间，促进人体吸收；有利于馅料与配料均匀地融为一体，并在加热后溢出汁液，产生复合性美味，增强菜肴特色；有利

单刀剁

于丰富菜肴花色品种。正因为馅在烹调中占有很重要的地位，人们很讲究剁馅时排剁刀法的正确操作：

一、提刀不能过高。提刀高度适当，用力均匀，落刀准确。

二、两刀间隔一定距离。前端刀头之间的间隔窄一些，约5厘米；后端刀根间隔宽一点，约9厘米。

三、排剁时，运用手腕的力量，两手运刀灵活。

四、两刀有节奏地起落，不能相互碰撞。

五、每剁一遍，翻动一次原料，特别要注意向一起翻动。因为原料在排剁过程中，面积不断扩大，及时把原料翻动到一起，才能上下里外排剁均匀，缩短排剁时间，提高排剁质量。

六、出现粘刀现象，将刀放在水里浸一浸，然后再剁。

剁制各种馅料，通常以肉馅居多。肉馅对菜肴质量影响很大。有经验的厨师主张肉馅“细切粗剁”。

细切粗剁，就是在剁制肉馅之前，把瘦肉和肥肉分开，分别切成细丝，再切成小粒，然后把瘦肉和肥肉混合在一起剁——粗剁，而不是细剁。

粗剁，就是不能把肉剁得过于细腻。这是因为，过于细腻

双刀剁。两手同时执刀操作，因而也称排剁、双刀斩。

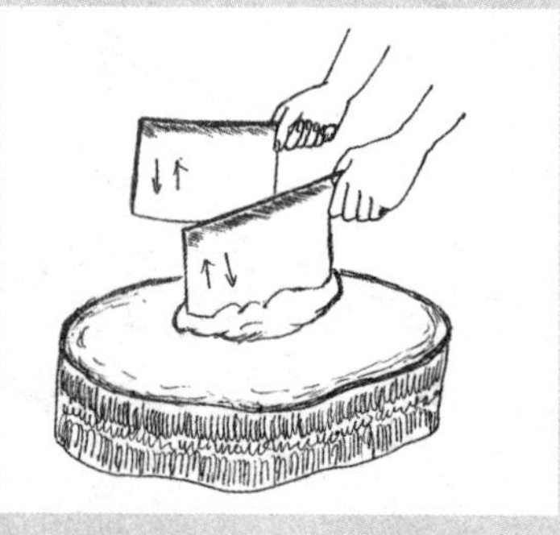

的肉馅，质地发硬，口感发柴，达不到“软嫩爽口”和“滋味鲜美”的效果。

由此可见，排剁的目的在于提高效率。剁得均匀适当，并不是剁得越细越好。剁虾茸，就不宜剁得过于细腻。因为鲜虾肌肉组织非常松软柔嫩，剁得过于细腻，会失去鲜嫩爽口的特色，变得柴老发硬，真味走失。

排剁，通常是刀工处理烹饪原料的最后一种刀法。“细切粗剁”——切在剁之前。“清炖蟹粉狮子头”是一道常见的名菜。这道菜的制作方法，第一步就是刀工处理：将猪肉刮洗干净，去皮、骨；将肥肉切成石榴大的丁，瘦肉切成略小于肥肉的丁，然后排剁。把这道菜施用的刀法单列出来，便是：先刮，再推切，最后排剁。

排剁，是厨师必须掌握的基本功。湖北的一位烹饪大师曾撰文指出：“练习排剁，除了使用案前的原料之外，还可以采用空敲练习的方法。空敲练习不需用原料，也不受条件限制，走路时、得闲时、看电视时、睡觉之前，都可以有意识地进行排剁练习。一个用心学习的生手，三天就能练会。一个不用心去理解和练习的人，三个月也达不到要求。悟性当然很重要，勤奋更是不可缺少。”这位烹饪大师还述说了亲身经历的一件事：笔者曾目睹过一次厨师晋升考试，其中一道必做菜“鱼圆”，刮肉、排剁、上劲制熟，都要求在规定的时间内完成。“天有不测风云”，停电了。应试者不能用机械绞馅，只得用手工剁馅。有些人丢下手工剁的时间不长，边剁边找感觉；有的人根本不会排剁，排剁变成了乱剁！

“内行不内行，剁声见真章。”排剁、切丝、翻勺被称为烹饪的“三大基本功”，是厨师的必修课。然而，有的厨师练功不认真，杂乱无章的排剁声，被斥为厨房里最刺耳的爆音，给锅碗瓢盆交响乐加入了不和谐的音符。

剁：厨房里的乐章

剁制刀法所产生的声音，应该成为厨房里流畅而美妙的乐章，体现出自然和谐的韵律。通过富有节奏的刀击声，为劳动注入力量，给刀工操作增添艺术情趣，从而减轻疲劳，保持积极的劳动状态，保证剁制产品的质量。

刀口剁、刀背剁、单刀剁、双刀剁，种种剁法，都不是刀举刀落的简单劳动。如果剁的节奏过快，会给人一种心急烦乱的感觉，既不能保证质量，也不能保证长时间的劳动，不能形成美感。如果剁的节奏过慢，则给人一种沉闷的感觉，使人情绪低沉，影响劳动效率。所以，应该讲究剁制刀法的科学运用，让有节奏的剁制声为劳动熔铸一种特殊的韵律美。

人们在长期社会实践中，对声音逐渐形成了情感认知。声音与人的心理、生理之间有了一定的对应关系。声音成为人类情感的符号。在运用剁制刀法时，人们很在意对各种声音的模仿。模仿马蹄点、乐鼓点等，意在赋予单调的劳动以欢快的韵律。节奏紧凑，快慢有度，不仅提高劳动效率，还能让人倾听之后产生丰富的联想：奔驰的骏马，欢庆的锣鼓，喜庆的气氛，使厨师愉悦的心情与劳动融为一体。

在贵州省遵义市，烹饪名师沈远华、沈远明的刀技出类拔萃，被誉为“沈家刀”。曾有人用饱醮激情的笔，这样描写“沈家刀”的剁：

“不看其果，先闻其事，光听那节奏分明的剁刀声，就得到一种极其美妙的艺术享受。您听：有清脆悦耳的马蹄声由远而近，有激昂高亢的战鼓声震天动地，有兵器撞击的叮当声，有婆娘争吵的吱渣声，有蟋蟀夜鸣的嘤嘤声，甚至有‘雨打芭蕉’、‘饿马摇铃’的诗情画意，惟妙惟肖，活灵活现，全从那两把普普通通的菜刀的‘的笃’声中流淌出来。”

《剁肉如弹琴，噪音变乐音》，湖北的黄家军先生以此为题，向人们推荐排剁的练习方法。据称，这种方法可以达到事半功位的效果。特照录如下：

一、马蹄声排剁法。马蹄的节奏是“的的哒……”、“的的哒……”。用落刀顺序表示为“右右左、右右左”，以音符表示为321　321。具体步骤如下：两手持刀，右手先剁一下抬起，再剁第二下。当第二下刚落下，第三下也就是左手的第一下紧跟刚刚落刀的第二下后面，压住点，几乎同时响。这两声是在半拍中完成的，两组构成“哒的的”。如果将其分解，右手始终是按每5秒20下速度在连续不断地剁，也就是右手单手剁的节奏，好似鸡在啄米的速度，而左手始终是按每5秒10下的速度配合进行，总是压在第二下的声尾，好似雨滴有节奏地往下落。熟悉了节奏，右手快剁，左手随时压得上去，配合默契。初学者必须放慢速度以右两下、左一下，一组一组练习，由慢到快，然后达到5秒钟共30下的一般速度。

二、鼓点声排剁法。鼓点剁节奏是“咚咚吧、咚咚吧、咚吧咚吧咚吧咚”。用落刀顺序表示为“右右左、右右左、右左右左右左右”，以音符表示为321　321 1212　121。具体步骤如下：前两拍类同马蹄剁，只是后一组在一拍内要完成7下剁，右手用刀剁，左手跟剁，右手第四下收尾，5秒钟可完成三组39

下。比马蹄声提高了9下，同时难度也加大了。鼓点声可以去掉前两拍，只用后一拍，速度更快些。但这种快速剁，臂、碗容易疲劳，不能长时间剁下去。只有快慢结合，才能奏效。

三、秧歌调排剁法。秧歌调节奏是“呛呛咚、呛呛咚、呛呛呛呛”。以落刀顺序表示为，右右左、右右左、右右右右。用音符表示为321 321 1111。秧歌调较轻快，在完成前两组两拍后，后一拍用右手持刀连剁四下，左手停下来等下一组。5秒钟内可完成三组，较前两种剁法简便，中间可调整，容易掌握。

四、炮竹声排剁法。炮竹声节奏类似鞭炮作响“叭叭叭叭叭……”要求左右手持刀交替剁，连续不断。5秒钟可连剁40下以上。往往是初学者习惯用这种排剁法，但费力，不易长久，也乱刀。其实它是将人的手臂、腕的力量高度集中，超极限发挥，是支配不了多久的，一般连续2至3分钟就要停下来调整，不然就会夹杂乱刀，没有节奏。一般1至2份鱼茸需排剁10至15分钟，排剁次数达5000次，一般人在这个时间内一个速度不停地去完成是不可能的。

黄家军先生在推荐这四种排剁方法之后，特意提醒：“边剁边道念口诀。道念就是由第一节的后面，也就是先落刀的右手，习惯上称为正手，一节节直到一组剁完。如‘鼓点剁’，第一节‘咚咚吧’，第二节‘咚咚吧’，第三节‘咚吧咚吧咚吧咚’，这样道念为一组。”

在笔者看来，黄家军先生推荐的这四种方法，肯定有可取之处。愿有更多的人士参与烹饪刀工技术的探究和创新，共同谱写烹饪刀工的美妙乐章。

在此，笔者也推荐两道采用剁制刀法的菜肴：白斩鸡，为直剁刀法；斩肉响螺，为排剁刀法。

这两道菜的菜名里都有“斩”字。这也引起了笔者的注意。经过一番探究，终于在《中国烹饪百科全书》等专业书籍中找到了答案：剁，又称斩。

剁制刀法菜例

灵芝恋月蝉

原料

鲜虾400克，冬菇200克，鸭蛋6个，猪肥膘肉75克，火腿肉10克，味精2.5克，精盐0.5克，上汤500克，干淀粉少许。

制法

将虾洗净，去壳取肉75克剁成泥，加入精盐、味精拌匀捏成10个菇盒馅料。

冬菇水发(20片)捏干，加入上汤，放笼屉旺火蒸半小时取出，去干水分，摆在盘中，撒上干淀粉，在其中10个冬菇上各放一个馅料，用其余10个冬菇盖上，稍压，形成冬菇盒，呈灵芝形。

虾肉125克，肥膘肉25克，剁成泥，加入味精、精盐，拌匀，捏成20个“月蝉”馅料。

将鸭蛋磕破取蛋清，将蛋清打散后，取铁勺一把放在火上烧热取出，用肥膘肉在铁勺内抹匀，然后流入蛋清绕一圈，摊成圆薄皮子，放入馅料用中火煎，将蛋清皮摺成“月蝉”形，离火取出。火腿肉切成小丝，每个蝉头插两根火腿丝，和菇盒同装盘，放在笼屉里，用旺火蒸1分钟取出，将“月蝉”、菇盒排在碗中，然后将上汤下锅烧沸，徐徐浇在冬菇盒与“月蝉”上即成。

特点

洁白的月蝉配上黑色的灵芝和清澈的汤，色佳、味鲜、形美、质嫩。

包心鱼丸

原料

鲜石斑鱼1500克，纯薯粉250克，精猪肉250克，梅1只（约500克），鲜虾125克，虾米15克，水发香菇30克，精盐30克，酱油30克，白酱油30克，味精2.5克，香油2.5克，上汤500克，白糖、胡椒粉、葱少许。

制法

将石斑鱼洗净去骨取肉(约500克)，剁成泥，加清水150克，精盐15克，调和，倒入小盆，顺一个方向搅拌，直到鱼泥成浆投入水中能浮出水面时加入纯薯粉搅匀成鱼丸浆。

将水发香菇、猪精肉、梅肉、虾肉、虾米剁成米粒状，一并装在碗中，调入酱油、香油1.5克、白糖搅匀成馅。将葱切成葱粒待用。

用左手取鱼丸浆并摊开在掌心上，右手拿特制的鱼丸勺取馅(约10克)，放在鱼丸浆中间，然后握上五个指头，将馅包在鱼丸浆中，再从大拇指和食指所握成的圆洞中挤出成圆珠状，用鱼丸勺舀起放在清水盆中。

将包制好的鱼丸(约30粒右右)，慢慢倒入冷水锅中，用微火煮熟捞起。把上汤下锅，调入酱油、味精(1.5克)，将熟的鱼丸下锅煮沸后装在碗中，淋上香油1克，撒上胡椒粉、葱粒即成。

特点

鱼丸色白形圆，皮富韧性，味道鲜美，富有地方特色。

母子大烩

原料

鹌鹑10只，鹌鹑蛋20个，水发冬菇25克，冬笋25克，猪油1000克(耗100克)，香油10克，味精10克，精盐25克，绍酒10克，酱油15克，白胡椒5克，糖10克，葱段5克，姜米5克，清汤250克，湿淀粉25克。

制法

将鹌鹑宰杀洗净去内脏、血污，剁去爪，放入卤锅内卤至六成熟取出。

鹌鹑蛋10个煮熟去壳，放入酱油内浸泡，再放油锅中炸，制成虎皮鹑蛋。另10个涂匀猪油的鹌鹑蛋分别磕入碟内，用火腿、香菜点缀成图案，上笼蒸5分钟左右取出。

取沙锅下葱、姜、绍酒，煸出香味，再放入卤制的鹌鹑和已炸的虎皮鹌鹑蛋，加清汤、酱油、糖、精盐、味精，烹烧20分钟左右，用淀粉勾芡，淋上香油，撒上胡椒粉，盛入盘中。再将蒸好的10个鹌鹑蛋镶在盘的周围即成。

特点

形状完整，不脱皮，不散架；肉软烂，棕红色，咸鲜透味。

剞：中国独创的刀法

剞制刀法　中国制造

中国菜肴，不论生熟，所有刀工都由厨师来完成，不像吃西餐那样，由食者舞刀弄叉。中餐厨师运用的各种刀法之中，有一种剞刀法，是中国独创的特殊刀法。

炒腰花、氽鲫鱼、炸肚仁、叉烧鳜鱼、汤爆双脆、卤兰花干，这6道入选《中国菜谱》的名菜，烹调方法各不相同：炒、氽、炸、烧、爆、卤。在刀工处理上，却有一个共同的特点：采用剞刀法。

剞刀法，也称花刀、花刀法、混合刀法、刀工美化。

在《中国烹饪百科全书》里，对剞刀法有一段“特别”的

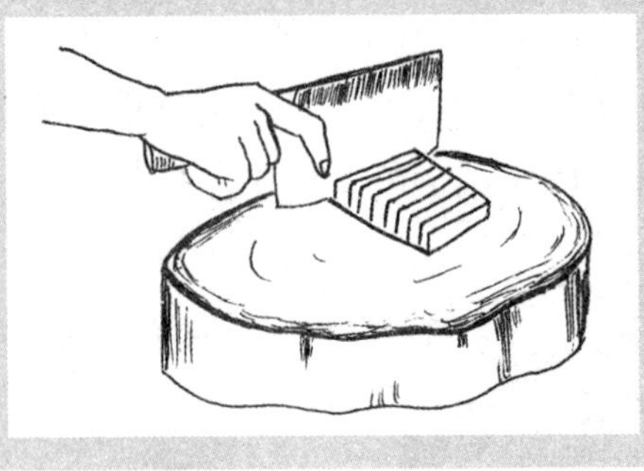

直刀剞

论述：

“特别是中国独创的剞刀技法，能切出麦穗花刀、荔枝花刀、蓑衣花刀、菊花花刀等众多美丽的形状。不过，这些只是表象的，也不只是为了便于用筷子夹食。精细的刀工，使菜肴造型更加美观，也更是利于热传递而使之成熟均匀，使有味者出味，无味者入味，使味在加热中析出、渗透、溶合，构成新的美味，同时利于咀嚼、消化与吸收，从而利于养生。”

剞制刀法，中国制造。这是中国烹饪刀工对人类烹饪事业的一个重大贡献！

烹饪原料，经过剞刀法加工，再经过加热，便能卷曲成各种各样的形状：麦穗形、荔枝形、梳子形、蓑衣形、菊花形、柳叶形、蜈蚣形、佛手形、网眼形、百叶形、球形……

种种形状说明，剞刀法是一种比较复杂的刀法。

剞刀法，是在原料表面或切或片，但不切开，不片断，只是剞成深而不透的各种刀纹，有横的，有竖的，有斜的。刀纹深浅一致，距离相等，整齐均匀，互相对称。

剞刀法，综合运用直刀法、平刀法、斜刀法，形成独具特色的两种剞法：直刀剞，斜刀剞。

斜刀推剞

麒麟花刀

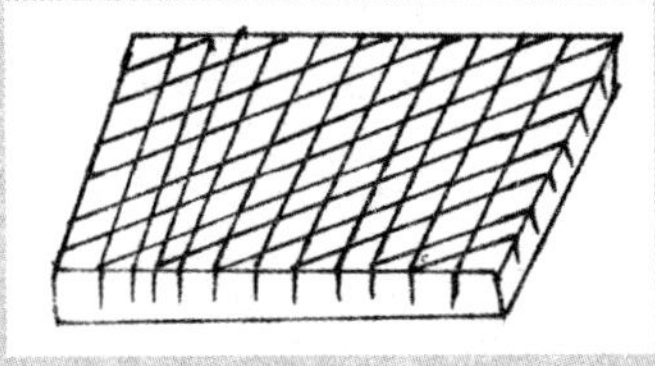

先斜刀剞后直刀剞

直刀剞：直刀剞与直切、推切、拉切基本相似。这种剞法，适用于各种脆性、软性原料。例如：黄瓜、猪肾、鸡肫、鸭肫、墨鱼、青鱼、豆腐干。

斜刀剞：斜刀剞分为两种：斜刀推剞与反刀片基本相似；斜刀拉剞与正刀片基本相似。这两种剞法，都适用于各种韧性、脆性原料。例如：猪肉、鱼类。

剞与切、片相比，虽然在运刀方法上基本相似，但它们之间却有着明显的区别。剞刀时，不完全将原料断开，而是根据原料成型的要求，在刀进深到一定程度时停刀。剞，是一种“不切开，不片断”的特殊刀法。所以，直刀剞可制成荔枝形、菊花形、兰花形、柳叶形、十字形等的形态。剞刀法结合其他刀法进行原料加工，还能制成更多美观的形状：

直刀剞综合利用其他刀法，能制成麦穗形、松鼠形。

斜刀推剞结合其他刀法，能制成麦穗形、蓑衣形。

斜刀拉剞结合其他刀法，能制成灯笼形、葡萄形、牡丹形、花枝形。

经过剞刀法加工的原料，不仅成形美观，而且易于成熟入味，能保持菜肴的脆嫩，便于筷子夹食。

综合运用各种剞法，同时加工一种原料，被称为综合剞法。综合剞法，多种剞法一起上，也称为混合剞法。

四种基本刀法之一

剞刀法、直刀法、平刀法、斜刀法，被列为中国烹饪的四种基本刀法，而排、拍、旋、削、挖等刀法，则属于辅助刀法。

剞刀法技术性强，艺术性高，操作更精细，难度也更大。因此，也能更完美地体现中餐刀工的作用：适应烹调要求，成形整齐均匀，美化菜肴形态，合理使用原料。具体来说，剞刀法有以下优点：

一、成熟快。原料剞入花刀，是一种物理形状的改变，它能增大原料的受热面积，尤其是形体较大的原料。剞花刀后，看似整体，实则如丝、如粒。这样，加热后熟得快，适应快速烹调技法的要求，能缩短烹饪时间。

二、入味匀。原料剞入花刀，组织细胞破裂，会渗出很多汁液，从而增加菜肴的风味，又易于吸收调配料的色泽和滋味，入味快而均匀，成菜味道适口。

三、易于挂芡。原料剞入花刀，表面出现皱纹，变得粗糙，烹制时易于粘挂芡汁。

四、增加菜肴品种。腰子、鱿鱼、鸡珍、肚头等韧性原料，经过剞进行刀工美化，再经加热卷曲成各种美丽的花纹，使同一原料出现不同形状，从而增加菜肴品种。

五、菜肴名称典雅优美。原料剞入花刀，经过高温加热，就会失水，造成肌肉纤维急速收缩，从而卷曲成形态各异、形

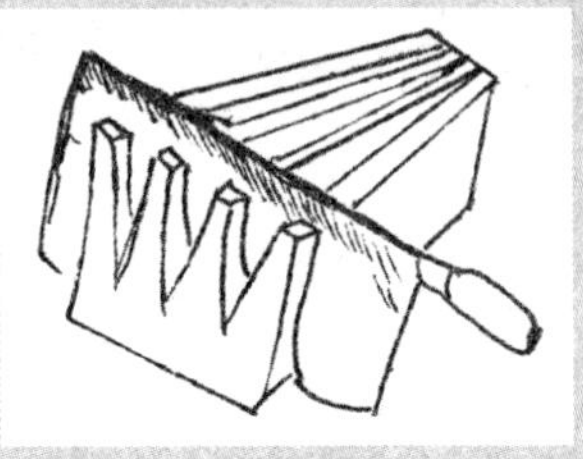
切成梳子形

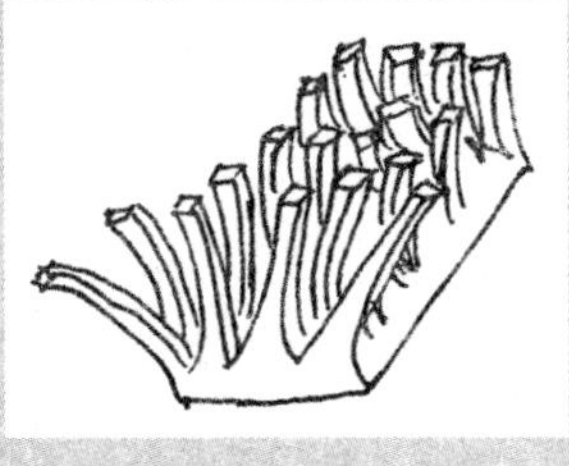
相连成菊花形菊花花刀

象逼真的花纹。据此命名的菜肴，菜名典雅优美。例如：葡萄鱼、菊花鱼、百花肥头、爆炒墨鱼花。

六、诱人食欲。原料剞入花刀，加热收缩后，刀纹明显，并卷曲成各种美丽的形状，近而增进菜肴的外形美观，诱人食欲。

七、便于食用。原料剞入花刀，缝隙多，便于就餐者夹持，食用方便。这正如一篇《筷子与刀工》的文章所说的那样，“中国筷子的作用兼有西餐刀、叉的功能，而且使用更为方便。对于鱿鱼、腰子、肚头等表面光滑不易夹食的原料，厨师就有花刀之作，把这些原料加工成麦穗形、蓑衣形、十字花形等，便于夹食。”

烹饪中的剞刀法，真是优点多多！

采用剞刀法剞出的刀纹，还能起到无声语言的作用。例如，剞“让指刀”就是“红烧鱼”，剞“兰草刀”则是“干烧鱼”。上灶厨师一看这鱼纹剞法，就知道这道菜肴的烹调方法、操作要领和成菜的风味特色，不至于弄错。在长期运用剞刀法的实践中，厨师们创造和积累了许多经验：

鱼的腹部不能剞花刀。鱼的腹部肉质浅薄，腹内空荡，如果剞上较深的花刀纹，加热时肉质失水收缩，鱼腹部会从刀口处裂开，出现空洞，破坏鱼体的完整和形态美观，影响成菜质量。

鱿鱼、猪腰子要从里面剞花刀。这是因为里面的肉质软嫩，皮面光滑平整，韧性较强，剞刀时易于掌握刀口深度，防止碎断，而且加热收缩后易于卷曲成形。如果在皮面剞刀，则不易卷曲，影响菜肴质量。

查找腰花不卷曲的原因。经过剞刀的腰花，加热后不卷曲的原因：一是原料不新鲜；二是经过冷冻的原料；三是原料质地失去了脆韧的特性；四是剞花刀的深度不足原料的五分之四；五是加热时火候掌握得不准，温度过高或过低。

查找鱿鱼、墨鱼不卷曲的原因。经过剞刀后的鱿鱼、墨鱼加热后不卷曲的原因：一是原料质量差，干制前已变质或是死鱼；二是采用强行烘烤的办法干制；三是碱水发制时，水温过高，碱液浓，浸泡时间过长，鱼体受到强碱腐蚀，皮层溶化，肌肉纤维失去脆韧的特性；四是剞刀时深度不够或断裂；五是加热时火候掌握得不准，温度过高或过低。

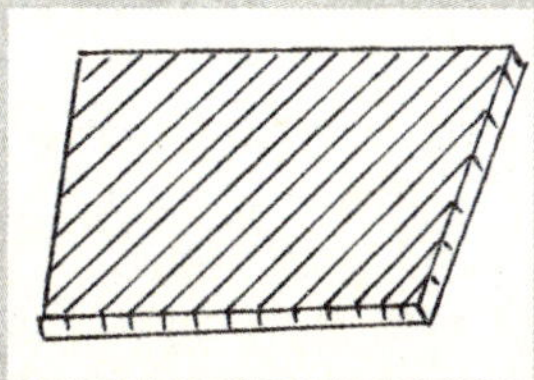
用直刀剞一遍

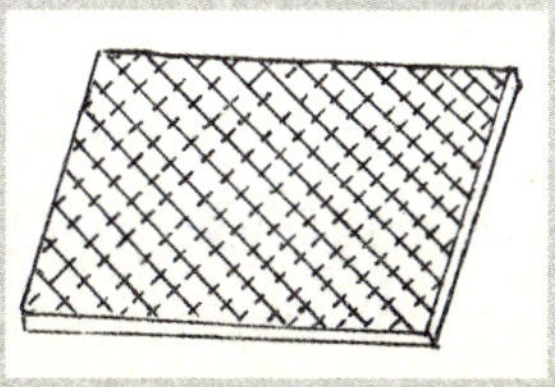
翻个用直刀剞一遍双面连花刀

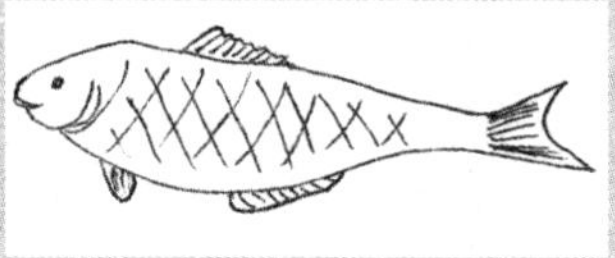

双十字花刀

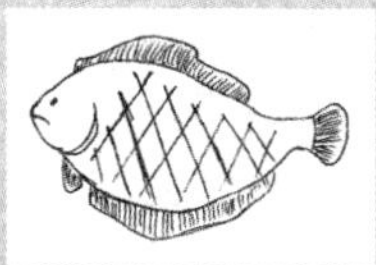

多十字花刀

兰草花刀

柳叶花刀

美化菜肴的高手

剞刀法加工出来的烹饪原料，不同于切出的丝、片出的片、砍成的块，而是千姿百态，被称为“象形块”。人们根据它们的形象命名，常见的就有16种之多：

1.麦穗形。先在原料表面剞上一条条平行的斜刀纹，再将原料转一个角度，剞上一条条与斜刀纹相交叉的平行直刀纹，然后改刀成条状，加热后就卷曲成麦穗形状。一般适用于腰子、鱿鱼等原料。

2.荔枝形。剞法与麦穗花刀相同，区别在于原料形状为象眼块，加热后即卷曲成荔枝形状。

3.梳子形。先用直刀剞出刀纹，再把原料横过来切成片，加热制熟后，就像梳子形状。这种刀法多用于质地较硬的原料。

4.蓑衣形。在原料的一面如麦穗花刀那样剞一遍，再把原

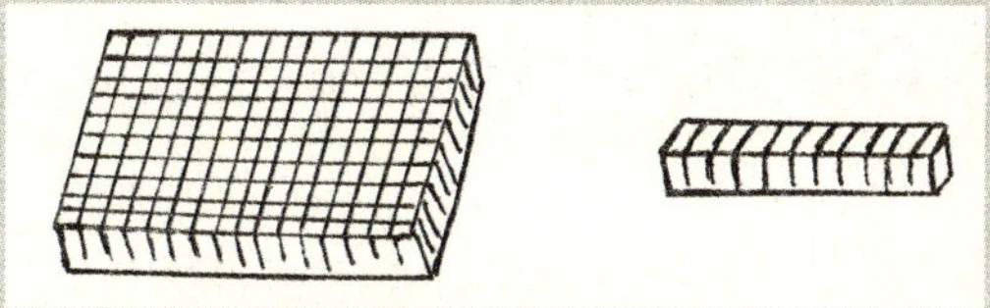

梳子形花刀

料翻过来，推刀剞，使刀纹与正面斜十字刀纹呈交叉纹，两面的刀纹深度约为原料厚度的五分之四，再将原料改刀成3厘米见方的块。提起来两面通孔，呈蓑衣形。

5.菊花形。先切原料的一端，切至原料厚度的五分之四，切成原料另一端五分之一相连的一条条平行的薄片。然后，转90°垂直向下切，使原料厚度的五分之四呈丝条状，厚度的五分之一仍然相连而呈块状。加热后即卷曲成菊花形。

6.卷形。将原料的一面剞上十字花刀，深度为原料厚度的三分之二，然后改成长方块，加热后成卷形。这种刀法一般用于鱿鱼、乌鱼等脆性原料。

7.柳叶形。先在鱼身中央从头至尾顺长剞一刀纹，再以这一刀纹为中线，在两边斜顺着剞上距离相等的刀纹，即成柳树叶形状。这种刀法一般适用于剞鱼。

8.球形。将原料切成片，再在原料的一面剞上十字花刀，刀距密一些，深度为原料的三分之二，然后改成正方块或圆块。加热后即卷曲成球状。这种刀法一般适用于脆性或韧性的动物原料。

9.蜈蚣形。先将猪黄管洗净，放入水锅中煮透，捞出，撕去油筋，用筷子翻过来，放入汤锅氽透，捞出晾凉。将猪黄管横放砧墩上，每隔0.4厘米横剞一刀，将剞开的刀纹斜向两边展开后，即成蜈蚣形。这种刀法通常以猪黄管为原料。

10.佛手形。先将原料加工成椭圆或长方形的厚片，然后顺长二分之一切4刀，形似手指，连着的二分之一形似手掌。

11.网眼形。将原料加工成厚片，采用直刀法剞上一条条平行的直刀纹，然后将原料翻起来，剞上与第一面交叉的直刀纹，深度均为原料厚度的三分之二。提起原料用两手撑开，即成网眼状。

12.百叶形。先用直刀剞至鱼的脊骨，再贴骨横片进去，但不片断，提起来即呈百叶窗形。这种刀法一般用于剞鱼，特别注意刀距相等，左右面对称。“糖醋黄鱼”这道菜的鱼，就是采用这种刀法加工成形的。

13.蒲棒形。先用直刀法在原料上剞成一条条平行的刀纹，再转一个角度，仍用直刀法剞成一条条与直刀纹相交成直角的平行刀纹，然后切成长条，加热后即曲卷成蒲棒形。

14.牡丹花形。在鱼的两面用斜刀剞，剞时刀与鱼身的角度约为45°，剞入鱼身后一直往前推，碰到鱼骨后，刀口沿鱼骨向前深剞一些，一般的大鱼每面约剞8～10刀，加热后，鱼身就蜷起一瓣瓣像牡丹花瓣的形状。

15.双斜十字形。双斜十字形花刀，北方称为双十字花刀，是在原料的表面用直刀剞成斜十字。这种刀法一般多用于剞鱼。

16.波浪花刀。在鱼身两面用直刀剞成一条条弯曲、紧密的斜刀纹，加热后即成波浪形。

剞制刀法菜例

葡萄鱼

原料

青鱼肉(带皮500克)，葡萄汁(100克)，青菜叶4片，鸡蛋1个，面包75克，小葱段10克，姜片10克，酱油25克，精盐2.5克，白糖15克，面粉5克，湿淀粉15克，芝麻油500克(约耗100克)，醋少许。

制法

将鸡蛋打入碗内，用筷子搅打成蛋浆，面包撕去外面硬皮，撒上面粉，搓成粉屑。

选用长条形的鱼肉，皮朝下横着放在砧墩上，从肉面下刀每隔2.6厘米左右剞刀花，再每隔1.3厘米左右横着剞直刀花，刀深至鱼皮。剞好刀花后放入碗内加葱、姜(拍松)、精盐1克、酱油15克，腌20分钟取出，拣去葱、姜，然后蘸一层蛋浆，再撒上一层面包粉，粘满鱼肉及刀缝处。

炒锅放在旺火上，放入芝麻油，烧至五成熟，将鱼下锅，约炸3分钟，待呈淡黄色，鱼皮收缩、鱼肉张开，呈葡萄状时，捞起放在盘内。

将青菜叶烫一下，用刀切成葡萄叶、梗的形状，镶在鱼肉旁，便成整枝葡萄状。

在炸鱼的同时，另取炒锅一只放在旺火上，放入葡萄汁、白糖、醋、酱油(15克)、精盐(1.5克)，烧开后，用湿淀粉调稀勾薄芡再淋上芝麻油10克，浇在葡萄鱼上即成。

特点

此菜色泽红润光亮，形如整枝葡萄，鱼肉外皮微酥，肉鲜嫩，汤酸甜，有葡萄香味。

熘腰花

原料

生猪腰子100克，白油75克，酱油15克，醋10克，盐1.5克，香油15克，葱25克，生姜l克，蒜l克，淀粉15克，油菜心25克，玉兰片15克，花椒水10克。

制法

将生猪腰子一片两开，去净腰里，剞成麦穗花刀，加盐。

勺内放油1000克，待油七成热时，把浆好的腰花投入油内，用铁筷拨散即倒入漏勺备用。

勺内放底油、葱、姜、蒜末炝锅，炝出香味，投入切好的油菜心、玉兰片，倒入腰花，点醋一烹，再用酱油、盐、香油，淀粉浆、清汤兑好汁，倒入勺内，翻炒均匀装盘。

特点

质地脆嫩，清油抱芡，形似麦穗。

百花肥头

原料

肥头(鳙鱼胖头)1尾(1000克)，猪网油1张(约200克)，高级清汤1500克，鱼茸150克，冬菇4个，火腿25克，绿色瓜皮2张，红辣椒1个，蛋粑25克，川盐4克，味精1克，胡椒粉1克，料酒30克，葱白段30克，老姜25克，毛姜醋2碟。

制法

将鱼去腮剖腹除去肉脏洗净，在开水锅里氽一下，随即用冷水浸漂，再用小刀将其表面刮净呈白色，用刳刀法在鱼腹内肉处划出若干刀口，抹上川盐、料酒、胡椒粉、姜片、葱段腌渍，再包以网油。放入盛鱼的条盘内，上笼蒸约20分钟左右，鱼刚好断生取出。拣去网油，姜葱。

将冬菇、火腿、瓜皮、红辣椒、蛋粑等，改切成牵牛花状，同鱼糁共预制12个“鱼糁百花盏”。

炒锅置旺火上，放入清汤，再将蒸盘内的原汁滗入锅内，烧沸，拣尽泡沫，加入味精、胡椒粉，浇灌入盘内，配上“鱼糁百花盏”即成。食时，与毛姜醋味碟一起上桌。

特点

形色美观，肉质细嫩，汤清味醇。

劈：刀工中的大手笔

用力最大的刀法

从古至今，人们把从事烹饪工作的“厨行”称为“勤行”。“勤”跟“懒”相反——“人勤地不懒”。

在厨行的刀工、火候、冷盘、面点四大工种中，刀工的劳动强度最大、消耗体力最多。

在各种各样的刀法中，劈用力最大、动作幅度最大。

因此，学习和掌握劈制刀法，更需要勤快、勤劳、勤苦、勤奋。

劈，也称砍。在研究文字的工具书里，常常这样举例说明劈的力量之大：“劈山引水”、“劈山造田”。用刀斧猛力把东西断开，才是“砍”。

当厨师面对非劈不可的原料，首先想到的是，有没有足够的力气一刀劈开？最多要劈多少刀？在施用劈制刀法时，憋足气，用足力，将刀口对准要分割的部位，直劈下去！

劈，不同于切切片片，剜剜刻刻，它要求厨师具有良好的体力、臂力、腕力和耐力。如果缺乏这些“力”，操作中就难以运刀灵活，下刀有力，落刀得当，也就保证不了劈后原料的规格和质量。

劈，由于原料不同，劈法也不一样。厨师们“看料下刀”，主要采用以下几种劈法：

一、直刀劈。将刀对准原料要分割的部位，垂直向下用力劈，将原料劈断。直刀劈适用的范围是：带大骨、硬骨的动物性原料，质地坚硬的冰冻原料。例如：带骨的猪肉、牛肉、羊肉，冰冻的肉类、鱼类。

二、跟刀劈。有三种劈法：一是，左手按稳原料，右手把刀刃按入要分割的部位，先直劈一刀，让刀刃嵌进原料，刀与原料同时起落，劈断原料；二是，与第一种劈法相同，只是右手与原料下落时，左手离开原料；三是，劈过一刀后，提起刀，照劈口再劈，直至劈断原料。跟刀劈适用的范围是：质地坚硬、骨大形圆、需连续劈才能劈断的原料。例如，蹄、膀、火腿、猪肘子、大鱼头。

三、拍刀劈。右手执刀，将刀刃按入原料要分割的部位，用左手捏成的拳头或左手掌猛力拍击刀背，把原料劈断。如果一刀没能劈断，不起刀，继续用左拳或左手掌拍击刀背，直到劈开原料。适用的范围是：坚硬、带骨、形圆、体积小而滑的

直劈

拍刀劈

原料。例如，鸡头、鸭头、熟蛋。

四、开片劈。将整只猪、羊的后腿分开，吊起来，先在背部从尾至颈将肉剖至骨头，然后顺着脊骨劈到底，劈成两半。适用范围是：整只猪、羊等畜类原料。

上述劈法，都比其他刀法使用的力气大。比如，切是运用手腕的力量，而劈是运用臂膀的力量——“轮起膀子劈”！

所以，在厨师刀工训练和烹饪刀工教学中，应该有意识地加强厨师和学员的身体训练。刀工训练与身体训练相结合，增强体力、臂力、腕力、耐力，确保运刀所需的力量，落刀准确，能连续作业。

“只有用大力，才能劈得齐。”这话，是厨师们的经验之谈。

更需谨慎操作的刀法

有一位厨师，用操刀的手敲起了键盘，敲打出一篇《刀章》的文章。文中写道："我初学厨，乃为'操刀鬼'。一天十小时，不停地劈劈砍砍、切切削削……有一天，居然三次'刺刀见血'。师傅见了，先是哈哈一笑：'小子，才三次。刀练好，三千六百刀——早呐！'师傅这话的意思是，练好刀工，手指得挨三千六百刀。我听了，吓出一身冷汗！随即，师傅收敛笑容：'但是，苦练和蛮干，不是一码事。胡劈乱砍，绝对要不得！"

这位厨师说的不错。"刀工操作无小事"，特别是劈刀法用力大、动作幅度大，更需谨慎操作，防止出现刀伤事故。

直刀劈时，按原料的左手离落刀点应远一点；较小的原料，落刀时左手应迅速离开。劈时，用力要稳、准、狠，垂直

跟刀砍

落刀，不能歪斜。力求一刀劈断原料。如果一刀没能劈断，需要连续劈时，要看准刀口，劈在同一刀口处。否则，容易因为落刀偏差而震伤手腕，甚至伤手。

跟刀劈时，刀刃一定要按入原料要分割的部位，左手和右手紧密配合，起落速度保持一致，原料不脱落，防止劈空或伤手。根据情况，在刀与原料下落时，左手可离开原料。

拍刀劈时，刀刃一定要按入原料要分割的部位，不让原料移动。左手击刀背时，动作要准确、迅速、有力。

开片劈时，时常兼用直刀劈、拍刀劈等刀法，都是使用臂膀的力量，都要紧握刀柄。如果臂力使用不当或握刀不紧，就会出现用不上力、力量不够，导致下刀无力，落刀不准，达不到劈制效果，还容易发生事故。

劈制刀法的特制刀具，通常称为“砍刀”。砍刀、片刀、方刀、剔骨刀，是厨师常用的四大类厨刀。片刀既长又窄，既轻又薄，适于切、片精细原料；方刀用途广泛，也可替代片刀；小巧精致的剔骨刀，是整料出骨的专用刀。砍刀和这三类刀的区别最为明显。砍刀分为双面砍刀和单面砍刀，体大、腮厚、沉重。砍刀是厨刀中的“重武器”。

名师大厨们在带徒传艺时，常讲他们的经历和体会：砍刀在握，既要保证安全，练好基本功，又要根据菜肴成形和烹调需要，掌握一些窍门，学会一些绝活。

劈肉时，皮面朝上，先把肉皮划破，然后再顺着刀口直劈下去。这样便于一刀劈开，使原料彻底分离，刀口处的断面也整齐。

在一刀不能将肉劈断时，连续劈，应劈在同一刀口上，以免久劈不断和产生碎肉、碎骨。

劈猪头时，猪鼻子朝上，并在此处劈下第一刀，然后在猪气管处劈下第二刀，再在猪后脑处劈下第三刀，猪头骨即可分割成两半。如果平放猪头，再加三刀也劈不开。这就是绝活！

鲢鱼、鲤鱼等特别大的鱼头，头骨坚硬，含有鱼脑和丰富的油脂。在鱼的头盖骨中间顺劈一刀，鱼头成熟快，能与鱼体同时入味，鱼头的油脂也容易溶解出来，达到最佳的烹调效果。又是一个绝活！

刀工中的幕后英雄

厨师们精湛的刀工技术，不仅有利于菜肴的成熟、入味、美化和食用方便，还是供人欣赏的烹饪表演项目。烤鸭的厨师，在顾客餐桌前表演片的技艺；刀削面的厨师，让顾客欣赏削的功夫；烹饪比赛时，常有厨师表演切的绝活……

然而，很少有厨师进行劈制刀工的表演。劈在后厨，不上前台，很难被列为刀工表演项目，甘当其他刀法的幕后英雄——为切、片、剁、剜等刀法提供适当规格的原料。

打开菜谱，在“制作方法”中，只要有劈，便会列在其他刀法之前：“熘排骨”，先将猪小排骨劈成4厘米长的小段；“干炸鸡”，先将鸡肉直劈成小方块；“将军过桥”，先劈开黑鱼头；“红烧头尾”，也是先将鱼头劈成两半。

中餐与西餐相比，一个明显的差别，便是烹饪刀工中的劈：西餐厨师劈下几块肉下锅，吃的时候，由顾客自己用餐刀切成小块，叉着吃。而中餐厨师则先是大刀阔斧地劈，然后再精割细切，甚至精工雕琢。当菜肴端上餐桌时，顾客只需“动筷”了。中餐不像西餐那样，把劈出来的东西直接展现给顾客。中餐的劈，常将原料“化大为小”，为施用其他刀法创造条件。劈，是烹饪刀工中的大手笔！

在烹饪刀工中，劈是主要刀法、常用刀法。这个重要地位和作用，无可替代。而且，劈还是一种简单的机械，《新华字典》对“劈”有这样的解释：“由两个斜面合成，纵截面呈三角形，包括木工、金工用的楔子和刀、斧等各种切削工具的刃，都是劈。”

原中国刀剪协会秘书长崔月禄撰文指出：“在复合钢出现以前，都是需要人工在铁上劈开一道口，把钢加进去，再通过锻打让它们成为一体。也就是说，最后的刀刃都是铁包钢。‘磨剪子抢菜刀’，就是把铁磨去，让其中的钢刃露出来。这样，菜刀才会锋利。”这钢刃，便是劈。

就像“剁”也叫“斩”一样，“劈”也称“砍”。1985年《中国烹饪》杂志第8期曾刊登《唐代已有刀工专著》的文章。文中写道：“早在唐代就有专门记载刀工技术的书，名字就叫《砍脍书》。”据介绍，记录《砍脍书》这件事的，是明代的李日华。李日华在《紫桃轩杂缀》中说：“茹上祝翁罨溪，家

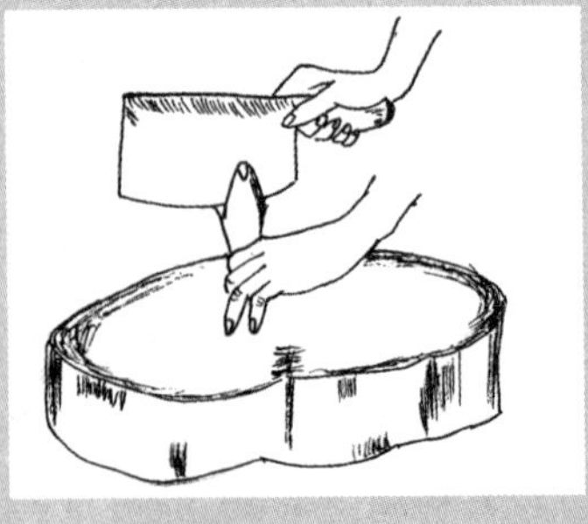

劈，也称砍。

传有唐人《砍脍书》一编，文极奇古。首篇制刀砧，次别鲜品，次列刀法。有大晃白、小晃白、舞梨花、柳叶缕、对翻蛱蝶、知丈线等名。大都称其运刀之势与所砍细薄之妙也。”

由此可见，砍是一种古老的烹饪刀法。而且，“所砍细薄之妙”，又进一步说明，砍刀之后，才有了片刀、方刀、剔骨刀、雕刻刀，也才有了“切”和“片”的抛头露面，也才有了“薄如纸”、“细如发”之类的形容。

最早的烹饪刀法，应该是砍，砍也就是劈。

劈制刀法菜例

锦绣鱼丝

原料

黑鱼1尾(约1500克)，青红椒50克，鸡蛋清2个，水发香菇50克，黄蛋糕50克，清汤100克，姜1.5克，绍酒4克，生油50克，葱25克，精盐4克，味精2.5克，胡椒粉1克，湿淀粉50克，熟猪油750克(实耗75克)。

制法

黑鱼去鳞、鳃、内脏，洗净，劈成两片，去头骨、皮，切成10厘米长的段，然后顺鱼肉纤维批、切成丝，盛碗中加入精盐、绍酒、蛋清、湿淀粉，上浆，再加入生油拌匀，放冰箱存1小时。青红椒、黄蛋糕、香菇、葱、姜均切成丝。取一小碗，放入精盐、绍酒、味精、胡椒粉、湿淀粉、清汤，制成芡汁。

熟猪油入锅，用旺火烧至三四成热，倒入鱼丝划散，呈乳白色时沥出，锅中留油少许，投入配料各丝，稍炒，下芡汁搅至稠浓，倒入鱼丝，轻轻翻炒均匀，起锅装盒即成。

特点

此菜色彩鲜艳，美观悦目，鱼丝洁白细长，滑嫩鲜香可口。

熘排骨

原料

猪小排骨350克，醋30克，鸡蛋1只，面粉30克，姜末10克，干淀粉20克，葱花10克，湿淀粉20克，酱油40克，料酒30克，白糖60克，花生油1 000克(实耗100克)。

制法

将猪小排骨直劈成4厘米长的小块，放入碗内，加入料酒10克、酱油10克拌匀，浸渍入味后磕入鸡蛋1只拌匀，加入干淀粉20克、面粉30克，上浆待用。

炒锅上旺火，舀入花生油1000克，烧至油温六成热，将排骨逐块入油锅内，炸成淡黄色，用漏勺捞起；待油温烧至七成热时，放入排骨复炸至酥脆、色泽金黄色时倒入漏勺沥油。

炒锅烧热，入油少许，投入葱花、姜末，煸出香味，放入酱油、白糖、醋、白汤烧沸，淋入湿淀粉拌匀，成半厚芡，加些热油，拌匀，随即放入排骨略拌，握锅连翻至卤包上排骨，又放沸油，推拌至光亮出锅装盆。

特点

菜形整齐，色泽光亮，味道清香。

凤尾桃花

原料

带皮大虾10个，奶油15克，酸面包渣100克，海参50克，虾仁50克，鸡肉50克，油100克，绍酒25克，盐2.5克，味精2.5克，鸡油25克，蕃茄酱20克，鸡蛋200克，葱、姜各40克，香菜叶少许。

制法

大虾去头、皮(留尾)，拿掉沙线后，一切两段，靠头部的一段从背部划上3刀，成为虾球坯料；虾尾从背部下刀劈开(但要相连)，用刀跟劈断筋络，再用绍酒精盐腌制入味，铺开卷入0.5厘米粗、1.3厘米长的奶油条，从刀断面处卷至尾端，然后拍面、托蛋、沾面包渣，放到四五成热的油勺中慢炸，至熟透时捞出，摆在盘沿一周。

海参、虾肉、鸡肉均切成小细丁。勺置火上，加入底油，油热后，用葱、姜炸锅，下入切好的三丁翻炒，再烹入绍酒，加入酱油、味精、精盐、炒熟，然后调好口味，出勺装在碗内备用。

用两个鸡蛋制成一张蛋皮，扣制成直径13厘米长的环形蛋皮一张，把炒好的三鲜馅一一堆在环形蛋皮上；蛋清抽打成蛋泡糊，抹在三鲜馅上，表面用红蛋皮和香菜叶点缀成花草。全部制成后上屉，用小火蒸熟取出，成为雪墙三鲜，摆在盘中间。

勺置火上，放入炸虾球的油，至七八成热时，把改好的虾球冲炸一下取出。勺留底油，油热将蕃茄酱下入煸炒，加鲜汤、精盐、味精，调好口味，再把炸好的虾球放入，移至慢火煨，待汁浓入味时，加鸡油出勺，用筷夹出，摆在雪墙三鲜的中间即可。

特点

虾球质地鲜嫩，形似桃花，虾尾托糊炸熟，略微上翘，形似凤尾，造型别致，色泽鲜艳。

剔：很挑剔的刀法

厨师应懂点解剖学

干厨师这行，特别是做菜的红案厨师，应该知道《庄子·养生篇》中那个著名的故事：庖丁解牛。

庖丁在给梁惠王宰牛的时候，手动、肩顶、脚踩、膝抵，刀之所至，骨肉分离。他运刀操作发出的声音，很有节拍，很是动听，既像弹奏帝尧的《经首》之曲，又像演奏商汤的《桑林》之乐。梁惠王夸他的刀工技艺高超极了！庖丁却回答说：“我所精熟的是‘道’，而不是‘技’。”

庖丁所说的“道”，是指牛的内部结构及其规律。精熟这个“道”，按照骨骼经脉下刀，游刃有余，事半功倍。反之，不熟悉牛的内部结构，不掌握这个规律，眼前只是混沌一头牛，下刀不得要领，事倍功半。

知道了这个故事，懂得了其中的道理，对厨师很有好处。庖丁的“刀之所至，骨肉分离”，是厨师制作肉类菜肴必不可少的重要步骤——出肉加工。

出肉加工，也叫剔肉、剔骨。剔肉，是部位取肉；剔骨，是去除肉中之骨。剔，是厨师常用的一种刀法，对厨师的要求也更高。对此，曾在中央电视台表演整鸭出骨的中国烹饪大师

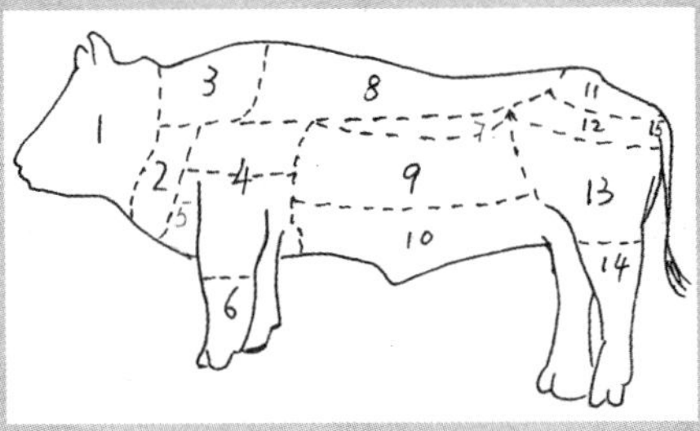

牛体肌肉组织部位图
1—牛头 2—颈肉
3—上脑 4—前腿
5—胸肉 6—前腱子
7—牛里脊 8—牛外脊
9—腹肋 10—牛腩
11—半龙 12—里子盖
13—子盖 14—后腱
15—牛尾

冯志伟深有体会，他说："剔，是一种很挑剔的刀法。"

剔的刀下功夫，并不是纯技术问题，它与厨师广博的知识密不可分。庖丁不仅有纯熟的刀技，而且懂得牛肌肉骨骼的生理结构，懂得解剖学，懂得牛肉怎样分档，懂得分档后各部位牛肉的用途，这才是"目无全牛"的全部涵义。所以，厨师施用剔式刀法，还应掌握刀工技能之外的知识。

首先，要懂点解剖学，熟悉家畜、家禽的肌肉和骨胳结构及其不同部位，做到下刀准确。

其次，力求出肉不带骨，出骨不带肉。下刀时，刀刃紧贴骨胳操作。

第三，出肉要为烹调目的和美化菜肴服务。制作"红烧肘子"，必须完全取用肌肉，去掉肘骨；制作"红烧排骨"，必须把筋骨和骨下连接的五花肉一起剔出，不能只要肉不要骨，更不能全是骨没有肉。

剔骨或剔肉，因为原料生熟不同，分为生剔和熟剔两种。一般来说，生剔居多。

生猪剔骨，要先把猪一分两半，猪皮朝下放到案板上，用砍刀把脊骨砍成不断肉的段，然后依次剔去各种骨胳：先剔肋骨，再剔前腿骨，最后剔后腿骨。完成了这三个部位的剔骨操作，半个猪的出肉加工也就结束了。牛、羊等家畜的出肉加工，大体也是这样。

剔式刀法，应用范围很广。猪、牛、羊和鸡、鸭等形体大的家畜家禽，需要剔骨剔肉，就连鱼类、虾类、蟹类、贝壳类等形体小的水产品，也常常需要剔骨剔肉。

鱼类的剔骨，有的直接给生鱼剔骨，有的把鱼煮熟或蒸熟之后剔骨。一般情况下，选用肉厚、刺少的鱼剔骨。例如，扁口鱼、黄花鱼、桂鱼、鲤鱼。鱼的种类不同，采用的刀法和进刀部位也不同。黄花鱼剔骨时，鱼头朝外，鱼腹向内，放在砧墩上，左手按鱼，右手持刀，紧贴脊骨，从鳃盖到尾部直切一刀，再横片进去，将鱼肉片下，鱼骨剔出。鳝鱼剔骨，则不采用这种剔法，而是左手捏住鱼头，右手将尖刀从颈口处插入，紧贴脊椎骨一直向尾部划去，连划3刀，将三角形的鳝鱼骨剔出。

剔蟹肉，也叫出蟹肉，一般分四步进行：一是将蟹腿取下，剪去一头，用擀杖向剪开的方向滚压，把腿肉挤出；二是将蟹螯扳下，用菜刀拍碎蟹壳，取出蟹肉；三是剥去蟹脐，挖出小黄，再掀下蟹盖，用竹签剔出蟹黄；四是用竹签剔出蟹身肉。在剔蟹肉的过程中，使用的工具有菜刀、剪刀，还有擀杖和竹签。虽然工具不同，但都是依据解剖学知识，针对蟹的不同部位，准确下“刀”，把蟹肉和蟹壳分离开来。

从剔鸡说开去

剔鸡，顾名思义，剔除鸡骨，取出鸡肉。在中等技工学校烹饪专业系列教材《烹饪原料加工技术》里，剔鸡也称分档取料。

鸡有7个档位：鸡头、鸡颈、脊背、鸡胸脯、鸡翅膀、腿肉、鸡爪。这些档位的肌肉组织不同，老嫩不一，色泽有别，营养成分各异，也就带来了烹调方法和菜肴风味的差异。例如：用肉质细嫩的鸡脯肉制作四川名菜宫保鸡丁，鲜香细嫩，辣而不燥；用肉厚质老的鸡腿制作云南名菜酱汁鸡腿，酱红润泽，酥烂醇香；用不宜出肉的鸡翅膀制作台湾名菜柠檬鸡翼，微酸微甜，味美适口。

台湾学者陈诏在广州访问时，面对餐桌上的柠檬鸡翼和蚝油牛肉，不胜感慨，既赞赏广州大厨把台湾菜柠檬鸡翼做得那么地道，又惊奇粤菜蚝油牛肉是那么鲜嫩！

于是，陈诏向厨师询问道："怎样才能把蚝油牛肉烧得比豆腐还嫩？"

厨师告诉他："正宗的蚝油牛肉，必须选用牛脊背上的长条肉，剔去筋膜，切断肌肉的纹理，每斤牛肉批70～80片，薄到透明的程度，加入小苏达、清水、淀粉和各种调味品，静置30分钟，然后下锅烹调，就能出来这个效果。"

厨师的这番话，被这位学者当成"秘诀"，写入他的美食专著《饮食趣谈》。

蚝油牛肉的肉，是牛肉的档位之一——脊背。除此之外，

猪体肌肉组织部位图
1—猪头　2—猪尾
3—上脑　4—夹心肉
5—前蹄膀　6—颈肉
7—前蹄　8—里脊
9—通脊　10—肋条
11—腹内　12—臀尖
13—坐臀　14—弹子肉
15—后蹄膀　16—后蹄

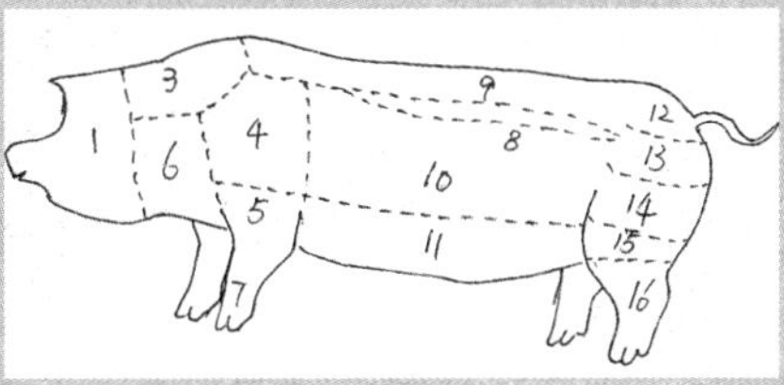

还有适于卤的牛头肉，适于焖的牛前腿肉，适于酱的牛腱子肉，适于制馅的牛脖肉，适于煨汤的牛尾……牛身上的档位共有13个。

与牛相比，猪的档位更多，达17个。猪的分档出料，更为常见：

剔猪肋骨：从头部数，第1根肋骨长在肉里，表面上能看到的肋骨有14根。用刀剜去第1根肋骨，再依次将每根肋骨上下左右划开，刀深略超过肋骨厚，用刀尖在肋骨上沿划开，将肋骨尖的肉拨开，让肋骨尖逐个外露，左手握住肋骨尖，右手用刀背沿着外露骨尖的下部往下砸，再将刀伸入肋骨下面向前推，肋骨即可剔出。

剔后腿骨：用刀划，露出大骨棒，断开关节，沿骨将两侧的肉划开，骨和肉分离后，将骨剔出。再将锁子骨与脊椎骨连接处割断，沿锁子骨周围将肉剥脱，剔出锁子骨。

剔前腿骨：用刀将肱骨、棒子骨、肩胛骨的关节割开，露出棒子骨骨尖，再用刀沿大棒骨划至小腿骨。骨肉分离后，剔出小腿骨，然后从肩胛中间划至小腿骨，将肩胛骨露出，再将铲子骨下面的肉剥净，用力一扳，铲子骨也剔出了。

接下来，再说说剔羊骨。将整羊去头，从三叉处挂起来，剔骨刀紧贴椎骨从上至下划开，割断尾骨和髋骨之间的筋。先剔腹肋部分，从最后一根肋骨剔至倒数第5根肋骨，然后扳住后腿一片一片往下扯。扯至肩胛骨处，割断颈椎与肩胛骨之间的筋，连同前腿扯下来，成为两片。每片先剔后腿骨，从后骨的腓骨和胫骨之间挂起来，刀沿小腿骨、大腿骨将肉划开，再划开髋骨，把肉扯下，然后再剔出前腿骨。以同样的方法扯下小腿骨、大腿骨、肩胛骨上的肉。这样，羊的骨和肉，全部分离。

家畜、家禽的分档取料，最能检验刀工中的剔。举刀剔去，务必注意三点：

一、熟记部位和名称，准确下刀。家畜、家禽的肌肉之间，有一层可以减少肌肉磨擦的粘膜。这粘膜处，也是分档取料的入刀处。划开粘膜，把肉与肉之间的界线划清，分别剔出不同特点的肉，便于使用。

二、按照分档的先后顺序进行刀工操作，从而保证家畜、家禽的骨肉组织不被破坏，保证出肉质量。

三、刀刃紧贴骨胳进行。骨不带肉，肉不带骨，骨肉分离，干净利落。

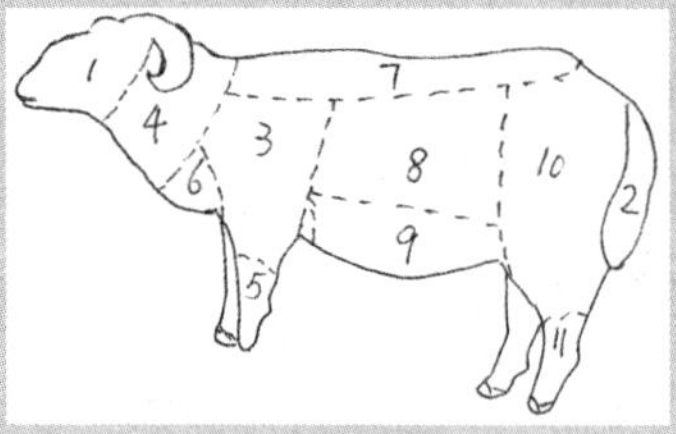

羊体肌肉组织部位图
1—羊头 2—羊尾
3—前腿 4—颈肉
5—前腱子 6—胸肉
7—脊背 8—肋条
9—腹部 10—后腿
11—后腱子

整鸡出骨及其他

整鸡出骨，就是运用精湛的刀工技术，将整只鸡的骨骼从肌肉组织中分离出去，鸡仍能成为一个完整的形体。

和鸡一样，鸭、鱼等禽类鱼类原料，也能整料出骨。这比起前面提到的出肉加工和分档取料，技术要求更高，难度更大，是原料初加工中的一项特殊技艺，需要高超的刀下功夫。

西安烹饪培训学院王子辉教授的《五味斋杂谈》一书，收入一篇3000字的《话说厨师的刀》，这算是不多见的写及厨刀的长篇文章了。该文中开篇便记述了“整鸡出骨”的精彩：

“在一次厨师考评时，有一个叫‘整鸡出骨’的考题，就是要把一只活鸡宰杀后取掉全部骨头而鸡体还要保持完好无损的技艺。作‘八宝鸡’一般都要这样处理后的鸡。只见一位师傅左手敏捷地抓住一只活鸡，刀刃轻轻一划，鸡血就滴滴达达流了出来，接着把滴完血的鸡放在热水中泡三、四秒钟，用手

鸡的骨骼结构

1—头骨　2—颈骨

3—锁骨　4—龙骨

5—胸骨　6—肋骨

7—翅骨　8—小翅骨

9—脊骨　10—股骨

11—胫骨　12—小腿骨

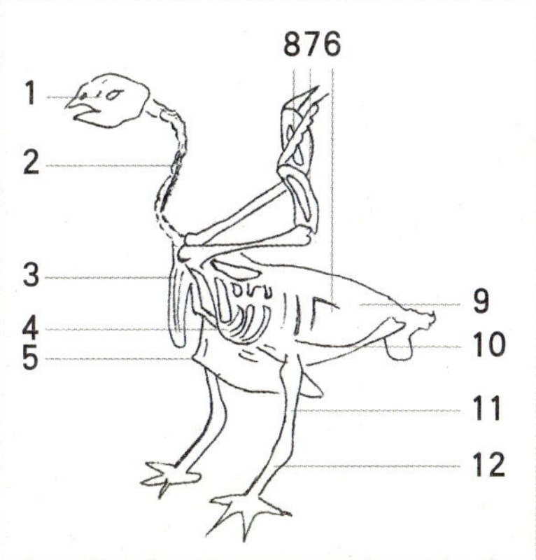

轻轻抓几把，鸡毛就被煺得一干二净。这时他在鸡脖子上竖开一刀，不到5分钟，三下五除二就将鸡骨头从开口处取出，一只形体完整无损、装水点滴不漏的无骨整鸡便呈现在观众面前。这场表演虽然只用刀刃轻轻一划一开，可它却凝结着这位师傅多年的心血！”

接着，王子辉教授还准确地记下了这位师傅“整鸡出骨”的绝招：“放血刀口黄豆大，拔毛只三把（鸡脖、颈毛、翅膀各一把），煺毛是九下（脊背、鸡尾、鸡肚、鸡胸、左腿、右腿、左翅膀、右翅膀、头，各一下），取骨刀口两寸大，一掏（掏肠胃）二扭（扭曲鸡骨）轻推拉，骨出皮肉皆完好，装水不漏任你查。”

在厨师进行整料出骨的操作中，有整鸡出骨、整鸭出骨、整鸽出骨，还有整鱼出骨。

整料出骨，能否成功，选择原料很重要，也就是厨师所说的“看料下刀”。

鸡，应选择1年左右的母鸡；鸭，应选择7～8个月的母鸭。鸡、鸭的重量，都在1000克左右为宜。如果太嫩太瘦，脂肪不足，出骨时容易破皮，烹调时也容易开裂；如果太老，肉质坚实，不易酥烂。用热水浸烫煺毛时，水温不要过高，也不要浸烫时间过长，防止皮肤破裂。鸡、鸭宰杀、水烫、煺毛、出骨的全过程，最好在15分钟内完成。据实验，宰杀后的鸡、鸭进入后熟期的时间，因季节气温而不同：夏季1个小时左右，春秋2个小时左右，冬季3个小时左右。鸡、鸭进入后熟期以后，躯体挺直，皮肤变脆，肌肉僵硬。这时出骨，很容易把鸡皮弄破，骨和肉也不容易分离。

鱼，应根据不同季节，选用一些比较肥美的鱼类。例如，春季的刀鱼，夏季的黄鱼，秋季的鲤鱼，冬季的桂鱼。鱼体不宜过大或过小。体大不便于烹调，肉质不嫩；体小腹内较薄，出骨时容易碰破外皮，不易出骨。一般来说，鱼的重量以不超过1000克为宜。刮鳞去鳃时，用力要匀，刀身不能过于倾斜，刀刃不宜过于锋利，防止碰伤鱼皮。活鱼或新鲜鱼，出骨后不易变形。解冻后的冰冻鱼，质量应与新鲜鱼相近，否则不宜用于出骨。

鱼的骨骼结构

1—头骨　2—鳃骨

3—脊骨　4—胸骨

5—脊椎骨　6—尾骨

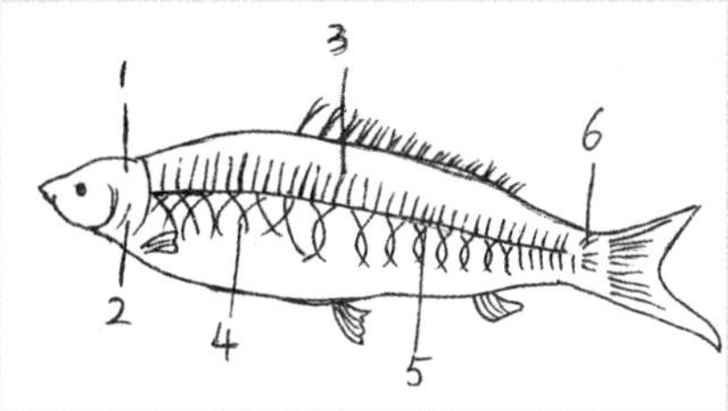

鸡、鸭、鱼的整料出骨，操作时必须非常细心：

一、持刀平稳，用力均匀。不能左右、上下摇摆。向前推刀，要按住原料，不能滑动，臂力和腕力配合得当，不能有轻有重，特别是在斩骨时，控制好力量，用力过重容易斩破外皮。

二、进刀要准，刀身要平，不能左右倾斜，前高后低或后高前低。不能碰破皮肤。如果碰破了皮肤，不仅有损形态美观，还会漏汁漏料，影响菜肴质量。

三、刀刃紧贴骨胳操作。骨头上尽量不带肉或少带肉，避免肉的损耗，使原料肌肉饱满丰润。

还值得一提的是，整料出骨后，腹内酿入特制的“馅心”，不仅没有了吃肉去骨的麻烦，还能增添“脱胎换骨”的食趣。

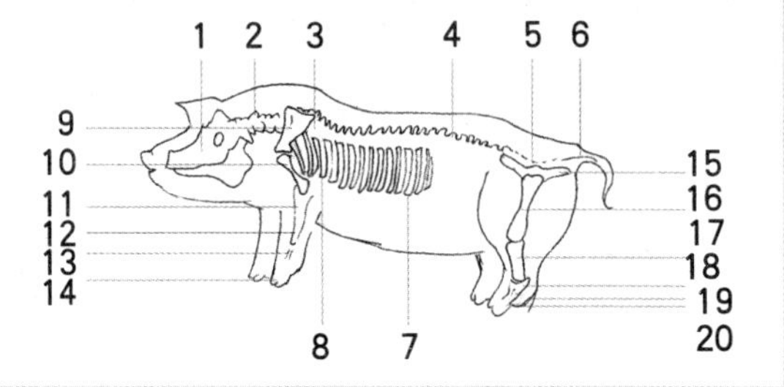

猪的骨骼结构
1—头骨　2—第一颈椎骨
3—第一胸椎骨
4—第一腰椎骨
5—荐骨　6—尾椎骨
7—肋骨　8—胸骨
9—肩胛骨　10—臂骨
11—前臂骨　12—腕骨
13—掌骨　14—脂骨
15—髋骨　16—股骨
17—小腿骨　18—跗骨
19—跖骨　20—趾骨

剔制刀法菜例

炸瓜枣

原料

黄鱼1尾1000克，绍酒25克，味精3.5克，精盐1.5克，白糖10克，面粉250克，发酵粉4克，姜(去皮拍碎)2.5克，熟猪油1000克(约耗150克)。

制法

黄鱼去鳞、鳃，撕去背鳍，从鳃处掏出内脏，洗净后，切去头和鱼腹。然后从脊背片开成两片鱼肉，剔去鱼骨、鱼刺和鱼皮，切成3.3厘米长、1厘米宽的鱼条。加入姜、精盐、味精，绍酒、白糖拌匀，腌1小时左右。

把面粉分几次加入温水(约200克)。调成稀糊，再加入发酵粉调和，待发酵起泡后，放入腌好的鱼条。

炒勺内放入猪油，用旺火烧到五成熟时，改用微火，将挂满稀糊的鱼条逐条放入油锅，用旺火约炸1分钟。再用微火，炸到呈淡黄色时，捞出即成。

特点

此菜原为福建风味菜。色泽微黄，如同枣形，外焦里嫩，鱼肉鲜美，蘸着花椒盐吃，清香适口。

鸡汤汆海蚌

原料

鲜海蚌尖400克，老母鸡1只(1500克以上)，鲜牛肉750克，猪里脊750克，绍酒25克，味精5克，白酱油25克，精盐1.5克。

制法

母鸡宰杀洗净后，留血水并割下鸡脯肉待用，其余切4块，和鲜牛肉、猪里脊一起放入盆中，加清水1500克，上笼屉用旺火蒸3小时，去肉取汤，撇去浮油，滤去杂质。另将鸡脯肉用刀背捣成茸泥，加入鸡血水和少许精盐抓匀，捏成几个小圆球，放在鸡汤中煮5分钟，将小圆球捞出，再入剩余血水搅拌几下，去杂质后，又将鸡汤倒入盆中，放入小圆球，上笼屉蒸1小时，最后用净纱布过滤即成鸡汤待用。

将蚌尖切片洗净盛在漏勺中，放入六成热水锅汆至五成熟后取出，剔净蚌膜，装在碗中，放入绍酒抓匀，腌渍后，倒入漏勺沥干酒汁，盛在汤碗里，然后把鸡汤下锅煮沸，加入白酱油，味精调匀，食前徐徐淋在蚌肉上即成。

特点

此菜色白透明，质地脆嫩，清甜味鲜，营养丰富。

金牛鸭子

原料

河鸭1只（重约2250克），牛肉400克，膘肉50克，玫瑰大头菜25克，小葱25克，麻油50克，糖5克，味精少许，其他佐料适量。

制法

河鸭宰杀后，及时褪毛、茸。

刀口处按作口袋鸭操作规程，进行整鸭出骨。鸭翅膀骨剔拆上半截，鸭腿骨剔拆上半截（两个部位的下半截都要保留，待作牛腿造型用）。出骨操作时，要注意保持鸭皮不破不碎，以防漏馅。

将鸭嘴从鼻孔处斩断，劈作两片，作牛耳造型用，将鸭翅尖在第2节处斩下作牛角造型用，然后将整鸭用精盐、味精擦渍。

牛肉、玫瑰大头菜及膘肉切丝，加小葱烧熟，凉透，然后灌入鸭腹中，在鸭颈打结。

将处理好的鸭作卧牛造型，翅、腿摆成牛腿卧伏状，用麻绳缚三道固定，放漏勺中沉入沸水中煮一下，成型。放蒸笼中蒸到八成熟。然后出锅放盘中，用酱油抹全身上色。

下入八分热的油锅，炸成金黄色起锅。

装盆时，将斩下炸过的二片鸭嘴，插入鸭耳孔成牛耳状，将鸭翅尖插入鸭眼窝成牛角状，即可上桌。

特点

外香脆，内鲜酥，兼有香酥鸭、炒牛肉两种美味，有形有味，引人入胜。

拍：广为应用的刀法

在“开场菜”中亮相

拍黄瓜，是一道凉菜。菜谱上常有，餐桌上常见。把黄瓜洗净，去掉顶部的黄花，去掉根部的瓜茎，放到砧墩上，用刀拍成碎块，拌上蒜泥、精盐、味精、香油、醋等调味料，装盘上桌了！

糖醋萝卜，也是一道制作工艺并不复杂的“速成菜”。将红皮萝卜去叶、去根，洗净，逐个拍松，保持萝卜完整。把拍好的萝卜放到盆里，加入精盐，腌渍入味。然后，沥去腌渍水，加入白糖、白醋，拌匀，淋入香油，拌匀，也装盘上桌了！

这类凉菜，都是在热菜、汤菜和主食之前上桌，是宴席的“前奏曲”，被称为“开场菜”。这“开场菜”，因为凉，滋味比较稳定，不像热菜那样受时间和温度的限制。

食用这类凉菜，常常是节奏缓慢地品尝，对胃口刺激性小，能起到缓冲和保护胃口的作用。

从凉菜过渡到热菜，是逐渐加大刺激性和胃口承受能力的过程。先上桌的凉菜，能给食用者留下很重要的第一印象。如果凉菜刀工技术不好，食用者就会产生“粗制滥造”的感觉，甚至直接影响对宴席菜肴质量的整体评价。

拍，是“开场菜”中经常使用的一种刀法。厨师们很在意“开场菜”的刀工质量。拍黄瓜，拍得松散成块，虽然是不规则的块，但块大块小，不能相差太多，而应显得整齐美观。拍“糖醋萝卜”里的萝卜，要下刀有准，刀起刀落，分寸得当，只是拍松，不是拍碎。

很多“开场菜”都有配料，配料加工也常常使用拍式刀法。例如，姜拍松，就是将生姜去皮洗净，放到砧墩上，刀身平，用力猛，把生姜拍破裂或拍松散。

拍出热菜满屋香

凉菜上过之后，便是热气腾腾的热菜登场亮相。热菜给宴席带来了更加热烈隆重的气氛。很多热菜，正是采用了拍式刀法，才香气四溢……

炒鸡丁。这道菜分两步做成：

第一步： 将鸡肉浅剞，再用刀轻轻地拍一拍，推切成小丁，放到碗里，加入精盐、料酒、鸡蛋液、湿淀粉，拌匀上浆。青椒切丁，待用。

第二步：炒锅上旺火，放入花生油，烧至六成热，放入鸡丁划油，鸡肉变色断生后，倒入漏勺沥油。原锅上火，放入花生油，烧热，放入青椒丁煸炒，放入适量清水，加入精盐、料酒、酱油、白糖、味精，烧沸，用湿淀粉勾芡，倒入鸡丁，颠翻均匀，淋入色拉油，起锅装盘。

制作这道菜，第二步似乎比第一步费工，也更要功夫，但是，只有做好第一步，才能为制作这道菜打好基础。第一步的一

鸡体肌肉组织部位图

1—鸡头　2—鸡颈

3—鸡胸　4—鸡翅

5—鸡腿　6—鸡爪

7—果子肉

个重要之点，就是——拍，尽管那“拍一拍”，是“轻轻地”。

剞好的鸡肉为什么要“轻轻地拍一拍”呢？名师大厨的经验证明，用刀面拍鸡肉，把鸡肉的纤维组织拍破拍碎，肉的质地更加松软，肉面显得粗糙，易于粘挂糊料，易于入味，易于成熟。拍时，用力要“轻轻地”，则是厨师在拍刀时用力的掌握了。因为鸡肉本就鲜嫩，不拍不行，拍重了也不行，所以要“轻轻地拍一拍”。

不只是鸡肉，制作猪肉菜肴也经常采用拍的刀法。锅包肉、糖醋肉片等菜肴所用的猪肉，在原料加工时也都需要“轻轻地拍一拍”。拍后的猪肉，在炸制时，不易卷缩和变形，还有利于菜肴造型和人体消化吸收。由于拍后肉片面积增大，还能收到“物尽其用、节省原料”的效果。

说来有趣，制作“蒜茸炒青瓜”这道菜时，先是将蒜粒拍碎，接着把青瓜拍裂——都是运用拍的刀法。

竹笋菜肴多用拍

竹的嫩芽，也叫竹笋，味道鲜美。以竹笋为原料制作的菜肴，质地鲜嫩，清香醇郁，深受人们的喜爱。

通常，在竹笋加工时，离不开拍的刀法。我们来看几个菜例：

醉笋。将笋尖用刀拍松，放到碗里，加入料酒、鸡清汤、精盐、桂皮、八角，给碗加盖。浸泡12小时后，拣去桂皮、八角，取出笋尖，滚切成梳背块，装盘，浇上卤汁。

酱汁春笋。春笋切去根蒂，去壳，削去老皮，用刀剖开，直切成笋段，用刀将笋段拍松；用水将甜面酱化开，用汤筛滤去渣汁；花生油放入烧锅，烧沸后待用。炒锅上火，放入花生油，待油五成热时，放入笋段焐油后，倒入漏勺沥油。炒锅放火上，放入花生油、酱汁、白糖，搅匀，熬透，装盘待用。再把炒锅放到火上，倒入鸡汤，放入虾子，烧沸，再放入笋段，

拍

烧沸。汤汁将要熬干时，放入酱汁，用手勺不停地搅动，使汤汁逐步裹到笋段上，加入味精，装盘，淋上香油。

笋炒鳝丝。这是一道著名素菜。水发冬菇去蒂，洗净，用剪刀沿着边沿剪成条，形似鳝丝。捏干水分，放到碗里，加入料酒、精盐、姜末，拌匀，拍上干淀粉。炒锅放到旺火上，倒入熟花生油，烧至八成热时，把“鳝丝”抖入锅内，用漏勺翻动几次，捞起沥油。锅内留少许油，放入拍好的竹笋，煸炒，加入酱油、素鲜汤、味精，烧开，用水淀粉勾芡，颠翻几下，淋上香油，装盘。

竹笋为什么要在制作菜肴之前用刀拍呢？这是因为，用刀拍过的竹笋，质地更加鲜嫩、疏松，也更容易入味。

拍，是主要刀法之一

各种动物、植物烹饪原料，根据菜肴要求，加工成丝、片、段、块等不同形状，需要运用多种刀法来完成。一般来说，烹饪行业公认的主要刀法有12种：切、片、削、剁、剞、劈、剔、拍、斢、旋、刮、食雕。拍，是其中之一。除此之外，还有捶、揿、撬……

拍，既能在烹饪原料加工中大显身手，又具有特殊的刀工优势。我们来看：

一、拍，能将较厚的韧性原料拍成薄片，使拍后的原料面积增大，起到“物尽其用、节省原料”的作用。

二、拍，能使葱、姜、蒜等新鲜调味料香味外溢。

三、拍，能使芹菜、黄瓜、竹笋等脆性原料易于入味。

四、拍，能使猪排、牛排、羊肉等韧性原料肉质疏松鲜嫩。

五、运用拍制刀法制作的菜肴，有利于人体消化和对菜肴营养成分的吸收。

拍制刀法由来已久，在各地普遍应用，人们对这种刀法的叫法不一：

拍，也称拍刀。

拍刀，也称拍料。

拍料，是用刀面拍击原料。

刀面，也称刀膛。

虽然这些叫法不同，但在操作上是完全一致的。

操作方法：右手将刀身端平，刀口向外，用刀面拍击原料。

操作要领：拍击原料用力的大小，根据原料的性质和菜肴要求来掌握，或拍松，或拍碎，或拍薄，以达到拍的目的为原则。拍击时，用力要均匀。一次不成，可以再拍。

拍制刀法菜例

游龙戏凤

原料

水发大刺参(4只)100克，活笋鸡(1只)1000克，鲜人参75克，火腿50克，冬笋50克，水发香菇50克，菜心10棵，鸡汤1500克，绍酒40克，味精3克，植物油75克，葱2段，姜1块，精盐适量。

制法

鸡宰杀后，去内脏，洗净，用沸水焯透，再用冷水浸凉；大刺参用沸水焯一下，沥净水；冬笋、火腿切成骨牌片，香菇大的切2片；姜块去皮，拍松。

勺置火上，加入底油，放入葱段、姜块煸炒，待煸出香味时，添入鸡汤，汤沸后，撇去浮沫，放入大砂锅内，遂将大砂锅置旺火上，加入出水的鸡、刺参、人参、香菇、冬笋、火腿片，汤沸后，撇净浮沫，移至小火慢炖，待原料酥烂时，拣出葱段、姜块。

取酒锅一只，将炖好的鸡、刺参和人参从砂锅内取出，放在酒锅里，再将砂锅中的汤过滤倒入酒锅中，酒锅下加酒精点燃，炖片刻即可上桌。

特点

此菜为辽宁创新菜，选料珍贵，器皿讲究，汤沸时，整参在锅中游动，整鸡喻为白凤，汤菜有如此造型，新颖可贵。大刺参、鸡、参同炖，汤汁乳白醇浓，极富营养。

三丝拌糟鸡

原料

净嫩母鸡1只（重约750克），海蜇皮500克，绍酒125克，茅台酒50克，红辣椒1个，精盐35克，白醋75克，姜末少许。

制法

鸡洗净去爪，在膝部用刀稍拍一下，放入锅中，下清水1500克，用微火烧10分钟，不待水沸，将鸡翻个身，再煮10分钟，待膝部露出腿骨时，捞起放凉。

鸡身切成4块，鸡头鸡脚劈片，翅膀切成2段，一并放入小盆里，加入味精3克，精盐5克、茅台酒50克调匀，密封腌渍1小时后，将鸡身翻个身，再密封腌1小时，然后将味精4.5克，精盐5克、白糖35克、红糟、姜、绍酒混合搅匀，倒在鸡块上，淹制1小时后，取出鸡块(取时拨开红糟浮沫，轻轻取出)放砧墩上，切成2.6厘米长、1.3厘米宽的柳条片，排在盘中，拼上头、脚、翅膀，形似全鸡。

白萝卜、海蜇皮、红辣椒切成丝后，萝卜丝泡在盐水中去苦水，海蜇丝泡在清水中去咸味，与辣椒丝同放在碗里，加入白糖、醋拌匀，配成糟鸡一边即成。

特点

此菜色泽红白，造形美观，鸡肉软嫩醇香，三丝甜酸爽口，别有风味。

醋椒鲤鱼

原料

活鲤鱼1尾(约750克)，花生油1000克(耗75克)。葱姜段100克，精盐2.5克，醋50克，白胡椒7.5克，料酒10克，味精7.5克，熟猪油25克，香油10克，葱丝、香菜段各5克，高汤1500克。

制法

将活鲤鱼打鳞、去鳃、开膛去内脏，洗净，打小元宝翻刀，将胡椒粒拍碎成渣，备用。

油勺上火，加入花生油，烧至八九成热时，将鱼放油内略炸片刻即捞出，控净油。

勺内下猪油，用热勺温油，以拍碎的白胡椒、葱段、姜段炝勺，速放入高汤、料酒，再把鱼放汤内。用大火将汤烧开，待汤炖至乳白色时，再移至小火，加入味精、盐，再略炖片刻，把鱼捞出放在盘中，再把葱丝、香菜段撒在鱼上面，加入醋2.5克，香油2.5克，然后将鱼汤在大火上烧开，打去浮沫用网子滗入鱼盘内即成。

特点

鱼汤呈乳白色，鲜美醇厚，清淡解腻，酸辣味，开胃通气，解酒。

剜：多种刀法一起上

剜，是为了填

刀工，是厨行里一种易学难精的技术。剜制刀法，尤其如此。从原料表面的处理到原料内部的掏空，都离不开剜。剜，常常需要多种刀法一起上：切、片、起、刮、削、旋……

剜掉土豆的芽子，剜掉山药的斑点，剜掉肉类表面不宜食用的部位。这些，在职业厨师那里，只是略施剜之小技。

在餐饮行业，检验厨师刀工技术的娴熟成度，有一个“标尺”——整鸡出骨。要求是：剜出的鸡骨无肉，留下的鸡肉无骨，鸡腹内装水不漏，刀口不超过6.6厘米。确实难度不小！

有经验的厨师用70℃左右的温水给出骨鸡烫毛，煺净鸡毛之后，再把鸡放到凉水里浸泡一会，使鸡皮保持原有的韧性。一切准备就绪，接下来，就是刀下功夫了：拉出颈骨，抽出翅骨，去除身骨和内脏，取出腿骨。把鸡的骨骼全部剜出，再把鸡肉翻转过来，鸡皮朝外，仍然是一只形态完整的鸡！

如此这般，还有整鸭出骨、整鱼出骨……

出骨后的鸡、鸭、鱼，易于烹调入味，方便食用。可是，直接烹制“无骨鸡”、“无骨鸭”、“无骨鱼”的菜肴并不多，剜除肉中之骨，大都为了在空隙处填入其他原料，制成

“象征性”的精致菜肴。剜，是为了填！

同样，把冬瓜剜空，把苹果剜空，把辣椒剜空，填入制好的馅料，然后采用蒸、炸、塌等技法制成菜肴。剜，也是为了填！

这种先剜空再填充制成的菜肴，被称为酿菜。酿菜，既是营养的互补，又能使菜肴造型美观。

有人以为，这种酿菜是近年来出现的创新菜。其实不是这样。酿菜在我国具有悠久的历史。早在周代的“八珍”中，就有酿制菜肴——炮豚。炮豚，是在乳猪腹中酿进红枣、黍米，再进行烤制的名贵菜肴。随着烹饪事业的发展，烹饪技术和烹饪艺术更完美地结合，酿菜技艺不断得以改进和提高。目前，市场上的酿菜，分为两种：填酿，镶酿。

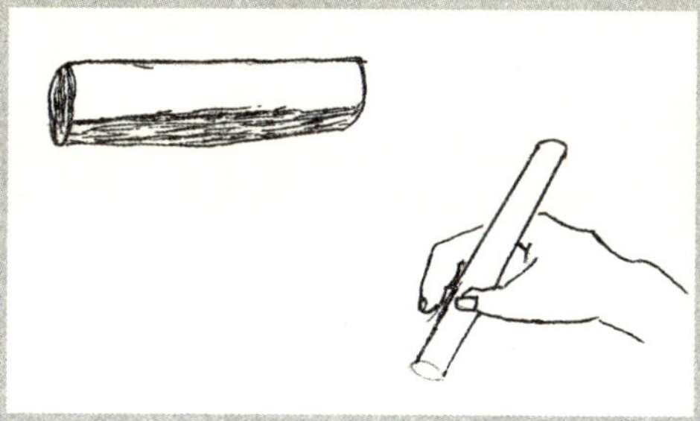

圆筒刀

填酿，是用尖刀、剪刀、特制剜刀或剜勺，将原料内部剜空，填入其他原料，制成热菜或甜味菜肴。填入的原料，称为“馅料”。馅料分为热菜馅料和甜味菜馅料。热菜馅料，有鸡、虾、鱼等制成的肉茸，也有火腿、鸡肉、笋、虾仁、冬菇等制成的丁末；甜味菜馅料，有枣泥、赤豆泥、绿豆泥等茸泥，也有蜜饯、蜜枣、桂圆、金桔饼等。

镶酿，是将茸状的原料镶嵌在主要原料的表面或周围。

填酿也称装馅酿；镶酿，又称象形酿。相比之下，以形诱人的象形酿不如真材实料的装馅酿受欢迎。

早在1995年8月，《四川烹饪》杂志就曾发表文章，指出镶酿菜肴的不足：一是制作过于繁琐，成菜速度慢，不适应当今快节奏的生活，镶酿多出现在考试、比赛、技术交流等场合，实际应用的不多；二是味道一般，为了保持茸状原料的色泽，一般不添加调味料，属于“中看不中吃”的；三是口感一般，为保持菜肴形状，通常只能采用蒸制技法；四是卫生难保证，镶制过程复杂，搅拌茸泥、点缀图案、不能使用足够的蒸汽灭菌，还有菜肴摆盘操作，都容易遭受污染，甚至是重复污染。

不比不知道，还是填酿好。

瓜果变“外衣”

剜除冬瓜的瓜瓤、瓜籽，剜除苹果、枇杷的内核，这些瓜果，就变成了“外强中干”的“空壳”——酿制菜肴的“外衣”。

制作这个“外衣”，需要娴熟的剜制功夫。左手将原料抓稳，或在砧墩上把原料按稳，用旋转的刀尖或专用的剜刀、剜勺，把原料要出除的部分剜掉。两手动作要协调，还要掌握好剜去部分的大小，为酿制菜肴制作一个得体而又美观的“外衣”。

青椒，一种普通的烹饪原料，也可制成填酿菜肴的“外衣”。在一家私房菜馆里，客人吃腻了切丝制片的炒青椒，也吃厌了咸滋辣味的腌青椒。这时，身兼大厨的老板，就会根据客人的食欲变化，不失时机地推出荤素搭配的酿青椒。将青椒的椒筋和椒籽剜得一干二净，酿入猪肉、冬笋、海米等原料制成的馅，加热制熟。客人吃过，赞语连连。青椒不再是委缩干瘪的老模样，不再是味道单一的老口味，变得丰满美观又香醇适口了！

香梨，是新疆的特产。选10个新疆优质香梨，削去梨皮，留下梨把。在梨把这端的一厘米处切断，剜去梨核，填入馅料（馅料为搅拌均匀的糯米饭、核桃仁粒、葡萄干、包仁杏干、哈密瓜干、苹果脯、桃脯、青红丝、玫瑰香精、白糖），再把带有梨把的那端用做梨盖，把“馅梨”盖严，入笼蒸熟后取出，浇上糖汁。此时，此梨已非彼梨，不仅造型美观，而且香梨更香，既香在梨，又香在馅，别有风味。

在最早出版的《中国菜谱》中，收入云南名菜酿小瓜。馅心鲜香，汤味清香，既可佐酒，又能下饭。这酿小瓜，其实就是填馅酿制的小南瓜。特点鲜明，制作考究：

第一步：选出大小一致、质地鲜嫩的小南瓜10个，逐一削去外皮，切下瓜蒂，剜出瓜瓤、瓜籽，洗净，沥干。瓜蒂备用。

第二步：鸡肉200克，肥瘦猪肉150克，火腿100克，水发冬菇60克，水发玉兰片70克，葱50克，分别剁成末。

第三步：用发虾米的水把蚕豆湿淀粉调开，加入胡椒面、味精，制成味汁。

第四步：把炒锅放到火上，放入熟猪油，烧热；放入葱末，炒出香味；放入鸡肉、火腿、猪肉，炒至八成熟；放入冬菇、玉兰片、虾米，煸炒；倒入味汁，制成馅料。

第五步：把小南瓜放到四成热的猪油锅里炸2分钟，捞出，填入馅料，盖上瓜蒂，装到盘里，上笼用旺火蒸30分钟，至熟。

第六步：用高汤、胡椒粉、味精制成调味汁，浇到瓜上，再淋芝麻油，即可上桌。

这一剜一酿，使小南瓜的形象更好看了，营养更丰富了，身价也大增了！

同样地，一个苹果，削去皮，再从苹果底部切下一薄片，留做苹果盅的盖，然后从切口处剜除苹果核，填入调好的馅料，盖上盖，放到笼里蒸熟后，去盖，开口朝下，放到盘里，淋上热糖汁，撒上金糕丁。这样，普普通通的苹果就变成了“八宝苹果”——连皮带馅，八种原料：苹果、江米、核桃仁、桔饼、葡萄干、瓜条、青梅、蜜枣。形态完整，馅味香甜，软糯清鲜，甜润爽口。在剜除苹果核时，有的还特意多剜除一些苹果肉，让“八宝苹果”也“薄皮大馅”！

触类旁通，以剜制刀法加工出来的各式各样的果蔬“外衣”，填入各种各样的馅料烹制，就变成了深受人们喜欢的酿黄瓜、酿香瓜、酿枇杷、酿西红柿、炸茄盒、箱子豆腐……

酿制菜肴受到欢迎，更加激起厨师们的积极性和创造性。只要具有一定形态和体积的瓜果蔬菜，大都可以拿来一剜，剜出个称心如意的“外衣”，酿入精心调制的馅料，推出新颖别致的佳肴。

世事难以绝对。剜制后的原料，也有不作为酿制菜肴原料的。笔者在一本关于烹饪的书里，看到这样一个例子：

制冬瓜球。

刀法：剜，

原料：冬瓜。

操作：将冬瓜去皮、去瓤、去籽，利用剜勺和剜制刀法，在冬瓜肉面剜制出一个个球形状的原料——冬瓜球。

以冬瓜球为主要原料，运用烧、炖、蒸、烩等技法，制作新颖别致的冬瓜菜肴。

剜制刀法，还时常运用于难度很大的食品雕刻之中。

特殊的“肉袋”

在山东，有一道传统名菜，名叫“酿寿星鸭子”，又称“布袋鸭子”。这“布袋鸭子”的“布袋”，其实是用来包裹“肉袋”的——剜出鸭骨和内脏之后，鸭肉和鸭皮形成了一个没有骨架而鸭身表皮完好无损的“肉袋”。

采取“填鸭式”的办法，把调制好的馅料从鸭刀口处装入这“肉袋”里，用竹签把刀口别住，放到沸水锅里烫3分钟，不漏水，不露馅。捞出洗净后，包入布里。这“布”，只是在后续加工中起到一种隔离作用，让“肉袋”与猪肉片、鸡腿块、葱段、姜片等辅料隔开。

在上海，也有一道剜制刀法处理后的著名鸭馔，名叫“八宝鸭”。这是将八种原料混合在一起，加入料酒、酱油、白糖、鲜汤，拌匀，填入鸭腹，用竹签把刀口别住，鸭背朝上，放到大碗里，上笼用旺火蒸3个小时，鸭肉酥烂时取出，装到精美的瓷盘里，再用原汁勾薄芡，浇淋鸭身。色泽金红，鸭肉酥软，各种酿料相互渗透，多种美味进行融合，香醇异常。

这“八宝鸭”里的“八宝”，据说源自清代美食家袁牧的《随园食单》，可上海厨师并没有完全照搬，而是因地、因时调整“八宝”中的“宝”。比如，栗子当令时，就不用莲子；春笋上市了，就用笋尖而不用冬笋。

可见，酿制菜肴既需要有好的刀工，又需要有好的馅料。

酿制菜肴的馅料，还要遵循与主料同味的原则，甜味主料只能酿进甜馅，咸味主料只能酿入咸馅。不可甜咸相混。

说来有趣，早在清代乾隆年间，江苏扬州出现独此一家的酿制菜肴——三套鸭。由于剜制刀法高超，家鸭里套野鸭，野鸭里套菜鸽，三禽相套，禽间填入火腿片和笋片，制熟，连同砂锅一起上桌。家鸭肉肥味鲜，野鸭肉紧味香，菜鸽肉松味醇，汤汁清鲜，还有火腿、笋片的多味复合，相得益彰。食者夸赞："煮烂老雄鸭，功效比参蓍"；"野鸭野味，食中佳品"；"走兽一斤，不如飞禽四两"。这主料的三味合一，真是称妙称奇！

说来也很有趣，有人以为只要剜制刀法好，不愁没原料，就在"三套鸭"的基础上，一套再套，至晚清时，出现过"五套禽"：在"三套鸭"的最外层加套鹅，最里面加套黄雀。这"五套禽"因鹅体太大，肉质粗糙，上席嫌蠢，很快就销声匿迹了。而"三套鸭"却流传久远，流传广泛，成为盛大宴席的一道压轴菜。

笔者继续不厌其烦地查阅有关酿制菜肴的"之最"，终于发现，目前最不容易"露馅"的菜肴，当数山西名菜"套四宝"。

相传，明代山西有位姓王的老人，决定从三个儿媳中挑出一个更精明能干的，将来让她主管家务。为此，老人家出了一道考题："四禽在一盘"。看哪个儿媳做得巧，做得好。大儿媳用鸡、鸭、鹅、鸽子做成一锅汤；二儿媳用鸡、鸭、鹅、鹌鹑烧了一盘菜；三儿媳施展一手好刀工，剜来剜去，把鹌鹑放到菜鸽肚子里，再把菜鸽放入鸡肚子里，最后把鸡放到鸭肚子里，施以调料，入锅蒸熟，装盘上桌。王老汉左看右看，左尝

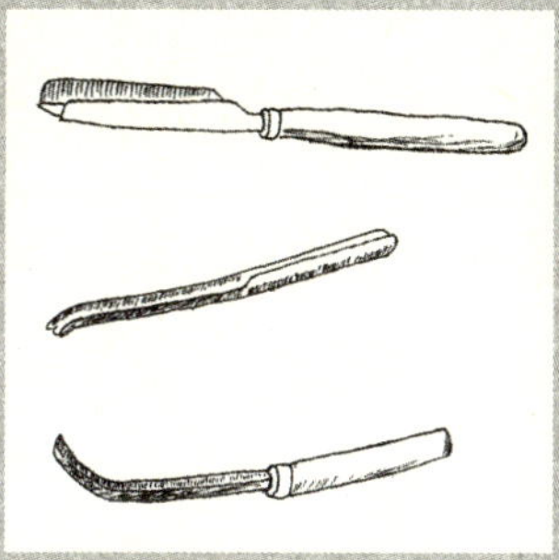

方口凿刀

右品，好看又好吃，大加赞赏。当即宣布：将来由三儿媳主管家务。

这“四禽在一盘”，后来走出王家，流向社会，流传至今，名称也由“四禽在一盘”改为“四套宝”。

这“四套宝”，是四个“肉袋”相套。每一个“肉袋”的制作，都要利有娴熟的剜式刀法。用刀时，稳、准、匀，刀刃紧贴骨骼剜制。向前推刀时，或前高后低，或后低前高，不能左右倾斜。剜制时，原料固定，不能滑动，因为碰破一点皮肤，就会漏汁漏料，有损形态美观，影响菜肴质量。

据名师大厨的经验，整鱼出骨时，刀刃还不宜过于锋利，防止碰破鱼皮。

“起肉容易出骨难”。剜制刀法，动作复杂、难度较大。既要掌握家禽和鱼类纵横交错的骨骼结构，又要综合运用剜、片、刮、旋等多种刀法，才能加工出质量上乘的各种“肉袋”。

剜制刀法菜例

新疆八宝酿香梨

原料

新疆库尔勒香梨12个(约1250克)，核桃仁25克，杏仁5个，无核葡萄干40克，红枣4个，哈密瓜干50克，巴达木50克，糯米75克，白沙糖150克，冰糖100克，蜂蜜50克，玫瑰2.5克，湿淀粉10克，和田纸1张。

制法

选用新疆库尔勒的香梨，要求梨形端正，大小一致，梨把完整，洗净削皮后，从梨把下一厘米处开口，带把部分作为梨盖，用小刀剜出梨子，摆在盘中，待用。

糯米用水洗净后加水蒸熟，核桃仁、巴达木用水泡发，剥去外衣，放入四成热的油勺中，炸成浅黄色，倒入漏勺沥去油，凉后剁成米粒大小。红枣洗净去核，杏仁，葡萄干、瓜干洗净同红枣一起剁成米粒大小。将以上原料加入白沙糖100克，与熟糯米同时拌匀，放入盛器中，上笼蒸6分钟取出，待用。

将蒸好的干果馅分成12份，逐个装入12个香梨中，将梨把盖好，整齐地摆入盘中，上面盖和田纸，旺火笼3分钟取出，揭去纸。

炒勺洗净放清水100克，加入白糖，冰糖，蜂蜜、玫瑰，用慢火熬成蜜汁，淋在梨上即成。

特点

形状整齐，香梨脆嫩、鲜香，馅心甜糯。

莲蓬豆腐

原料

南豆腐4块，鸡脯肉100克，肥膘肉25克，火腿25克，冬笋50克，水发香菇50克，水发海米25克，鲜口磨50克，精盐5克，味精5克，鸡蛋清2个，干淀粉25克，鲜豌豆80粒，青椒50克，水淀粉25克，绍酒50克，姜末2.5克，熟猪油25克，鸡清汤150克。

制法

将豆腐塌细过箩，收入碗中。

把鸡脯肉和肥膘肉分别剁成细泥，和鸡蛋清、精盐、味精、干淀粉、绍酒，搅拌均匀，然后，放在豆腐碗中拌好。

把火腿、香菇、海米、鲜口磨、冬笋均切成米粒状，放入味精，拌匀成馅。青椒一分两半，顶刀切成横丝。

用小蒸碗4个，内壁抹上熟猪油，放入豆腐泥，中间剜8个凹膛，加入五丁馅，再盖上豆腐泥，抹平，把鲜豌豆分摆在上面，再把青椒丝嵌在周围，上笼蒸约5分钟取出，将豆腐摆在盘中。

炒锅置旺火上，加入鸡汤、精盐、味精、用水淀粉勾稀芡，浇在豆腐上即成。

特点

形似莲蓬，软嫩味鲜。

虹桥赠珠

原料

熟金华南腿200克，干贝100克，大河虾100克，鸽蛋1只，鸡蛋4只，青豌豆12粒，红樱桃12粒，整马蹄12颗，松子仁50克，鸡清汤200克，绍酒15克，味精1克，精盐1克，绵白糖0.5克，葱结2个，姜片2片，干淀粉5克，湿淀粉15克，花生油200克(实耗20克)。

制法

将干贝洗净，放入盛器，舀适量清水，加入绍酒少许、葱结1个、姜片1片，上笼蒸约半小时，松软后取出，拣出葱姜，剔去筋和僵肉。

将大河虾挤出虾仁，洗净漂清，沥干水分，放入盛器，加精盐、鸡蛋清搅和，再加干淀粉上浆。

鸽蛋放入盛器，加水上笼蒸熟，剥去壳。

鸡蛋取黄，加入精盐、味精，打散，上笼蒸熟，将蛋糕剜成拱桥洞形状。

在马蹄的面上各排上10粒松子仁，上笼蒸熟后，居中放入1颗红樱桃。

鸡蛋清打发，红绿相映，叠成一对鸳鸯，上笼蒸熟。

将熟南腿修成长方块，直刀切片，排成桥式，反扣入碗中，作桥面；用干贝砌成墩；熟蛋糕作拱桥洞。加入绍酒、绵白糖、鸡清汤，放入葱结1个，姜片1片，上笼炖约20分钟取出，拣出葱姜，滗出原汁，合于盆中。

旺火烧锅，舀入花生油，烧至四成熟，放入上浆的虾仁，轻拨成熟，倒入漏勺；原锅仍置火上，加入鸡清汤和滗出的原汁、青豌豆、虾仁、绍酒，烧沸，撇去浮沫，湿淀粉勾成明卤，淋上少许花生油，挂在合入盆中的桥式南腿上；然后在旁放入鸽蛋和鸳鸯，盆周围上马蹄、樱桃即成。

特点

虹桥赠珠是我国民间一个美丽的神话传说，江苏名厨师以此神话为题，巧妙构思，精心烹制了这道名菜。此菜金华南腿肉如火，明月宝珠桥似虹，贝鲜桃艳香浓郁，鸳鸯成对嬉水中。

旋：菜肴美容师

厨房里的去皮高手

旋梨皮、旋苹果皮、旋青瓜皮……瓜果去皮，常常采用旋的刀法——旋皮。

旋，成了厨房里的去皮高手。

旋，可以在手上操作，也可以在砧墩上操作。

把体积较小的苹果拿在手上，刀刃进入苹果皮之后，苹果不停地旋转，刀刃也紧贴苹果皮不停地旋转。在旋转中，苹果脱去了一层外皮。

把体积较大的青瓜放在砧墩上，左手摁牢青瓜，右手执刀，紧贴砧墩表面，水平向青瓜旋去：刀向前旋动，青瓜向后滚动。在这一过程中，青瓜的皮被旋掉了。

采用旋制刀法，操作时要十分细心。只有反复实践，才可熟能生巧，牢牢掌握旋制刀法的要领：

熟悉和掌握原料的性质，运用与之相适应的力量，保证旋制效果。对质地脆嫩的原料，要落刀准确，轻快有力，实而不浮，韧而不重；对含水多的原料，轻拿轻放，出手快速，进刀轻巧，干净利落。

旋制时，两手动作要协调，配合紧密，旋去的皮，薄厚均匀。青瓜之类的原料，在旋皮之前，需先用盐水腌渍一下，使青瓜表层变得柔软，旋起来方便省力，效果又好。

旋下来的皮，并非都是原料初加工的废弃物，有的仍可以作为烹饪原料。在北京新八珍酒楼，有一道点击率极高的凉菜：辣黄瓜皮。这又宽又长又薄厚均匀的黄瓜皮，便是旋出来的。

旋制刀法，还可以把圆柱形原料旋成既薄又长的条形片。原料放在砧墩上，左手持原料，右手持刀，刀刃从原料表面进入后，随着旋转的原料向前推进，便可将原料旋出条形片，也叫滚料片。滚料片是指原料在滚动中旋出来的片，也就是说，在运用旋制刀法时，必须有转——又旋又转。

旋转，是物体围绕一个点或一个轴做圆周运动。地球围绕地轴旋转，同时也围绕太阳旋转。在烹饪刀工里，厨刀在原料里旋转，要么是在去皮，要么是在制片，要么是在造型。

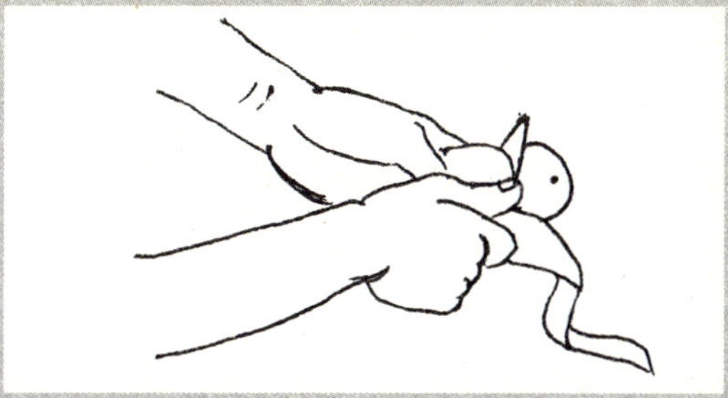

旋

食品雕刻常用的刀法

在烹饪文章中，谈论菜肴的品评时，经常提到“色香味形”四个字。“色”与“形”，常常给人以特别重要的第一印象。

菜肴端上餐桌，色彩艳丽，造型美观，哪怕原料普普通通，也能让人食欲大开。相反，如果菜肴色彩黯淡，形状丑陋，即使原料名贵，也难以调动人的胃口，甚至产生厌食的感觉。所以，人们很在意菜肴的形态美。

菜肴形态美，除了原料的自然形态以外，还有三种方法：一是刀法；二是模压法；三是拼摆法。

刀法，即厨师在刀工操作时所采用的刀工方法。刀法种类很多，用途各异。其中，一个重要功能，便是美化菜肴。

模压法，先用刀对原料进行去皮、切底、修理轮廓，再用各种花式模具按压。花式模具，其实就是模型刀。

拼摆法，是刀法的继续。用刀把原料加工成不同形状之后，利用拼摆手法，进行再造型。

由此可见，这三种方法，有的是刀法，有的是刀法的继续。

不同的刀法，在烹饪行业被划分为三类：

一是普通刀法。通过切、片、剁、削等刀法，把原料加工成块、片、丝、条、丁……

二是剞刀法。用刀在原料上“划”出直纹、斜纹或交叉纹，加热后卷缩成麦穗形、荔枝形、菊花形、松鼠形、蓑衣形……

三是雕刻刀法。通过刀工把原料加工成立体形象，有平面的浮雕，有镂空的图案，有栩栩如生的鸟、兽、昆虫、花草、山水、亭台楼阁、人物……

在这三类刀法之中，雕刻刀法难度最大。雕刻刀法，要借助普通刀法修整原料，要借助拼摆法进行造型，有时还要采用模压法加工“部件”。所以，雕刻刀法被称为一种综合性刀法。

在雕刻刀法中，旋是一种常用的刀法。

我们来看一个实例：雕刻萝卜月季花。首先，运用不同刀法进行削皮、切块、修理轮廓，然后刻制花形。刻制花形需用两种刀法：直削和旋削。

实际操作分为四个步骤：

第一步：直削。左手拇指托住原料底部，其余四指压在原料上端与拇指相对；执刀的右手，拇指与左手拇指持平，也托住原料底部，其余四指握住刀把向下直削。每削一刀，即成一个花瓣。削好一个花瓣之后，转动位置再削，直到削出一层花瓣。

第二步：旋削。旋去花瓣与原料之间的空隙。

第三步：直削第二层花瓣。削法与第一步相同，只是所削花瓣与第一层花瓣错开位置，而且花瓣形态小一些。

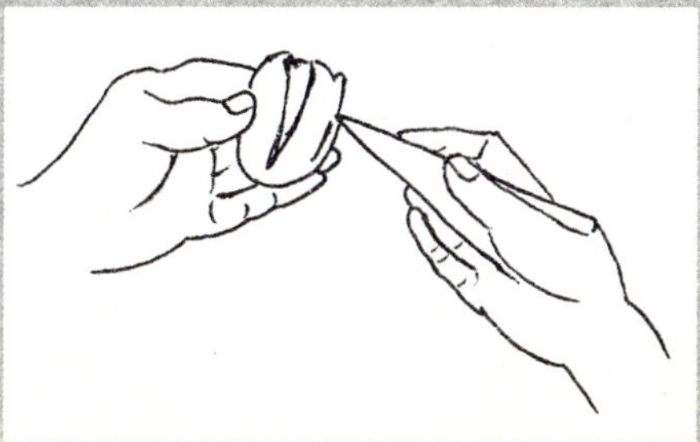

旋。旋出圆滑而厚薄均匀的成品，多用于花卉雕刻。

第四步：再旋出花瓣与原料之间的空隙。

如此这般，从外向内，一层一层削，一层一层旋，最后制成花蕊。

通过这样的直削和旋削，圆滚滚的萝卜就变成了盛开的月季花。

旋制原料一览

在烹饪原料中，有的适于旋，有的则不适于旋。由于原料的色泽、质地、生产季节、产地等各有不同，在旋制前，根据作品需要，选择适当的原料，是旋制出好作品的基础。

旋，一般使用脆性或韧性的原料。

脆性原料，要脆而不软，皮中无筋，内实不空，色泽艳丽，无破损，形态端正。

韧性原料，要有韧劲，不松散。

常用的旋制原料有：

1．萝卜。萝卜品种较多，有红萝卜、青萝卜、白萝卜、胡萝卜、扬花萝卜。红萝卜，肉质细嫩，皮红肉白，网纹细密，可通过旋等刀法雕刻成各种形状的单片、复片花朵，如马蹄花、月季花、牡丹花等。也可以整雕建筑、鸟兽等。胡萝卜，有的红，有的黄，色泽鲜艳，形态细长，可雕刻成各种花朵，如梅花、雁来红。扬花萝卜个头小，颜色红，可雕刻野蔷薇花等小花朵。

2．薯类。薯类原料，主要有马铃薯、甘薯。马铃薯，有的肉色洁白，有的肉色白中带黄，都没有筋络，适于雕刻花朵。

3．西红柿。肉质细嫩，色泽红润光亮，可雕刻荷花等单片状花朵。

4．辣椒。辣椒种类很多，有尖青椒、尖红椒、圆青椒等。尖青椒、尖红椒可雕刻小型单瓣花朵，如牵牛花、迎春花。圆青椒则可旋制成青蛙等动物。

5．瓜类。瓜类适于雕刻的较多，有黄瓜、冬瓜、西瓜、南瓜等。剜去瓜内瓤之后，内部酿入菜肴，在瓜面上施用旋制等刀法，便可雕刻出各种图案，如冬瓜盅、西瓜盅、南瓜盅，还可以在剜除内瓤之后，在瓜皮上雕刻成西瓜灯等各种凸环式灯具。

6．果类。适于雕刻的果类原料，主要有苹果、白果、樱桃、四季豆、茭白。苹果挖去内核，表面雕刻图案，肉里酿豆沙，可制成“酿苹果”。白果可雕刻成梅花。樱桃可雕刻成石榴花。四季豆可雕刻成兰花。茭白可雕刻成白兰花、知了。

7．蛋类。熟鸡蛋、熟鸭蛋，都可雕刻成花篮、荷花、小鸭子等。

各种颜色的蛋糕，也可用来雕刻花、鸟、虫、兽。

这些雕刻作品，需要综合利用各种刀法。旋，是其中的重要刀法之一。

旋的“游戏规则”

运用旋等刀法创作的食品雕刻作品，形态美观，造型大方，生动活泼，富有情趣。为了保证旋制效果，必须遵守旋的“游戏规则”。

要注意政策性。作品要有恰当的命题，即作品的题目。我国和外国的国旗、国徽、军旗、勋章，不能作为作品的题目。国际国内规定的一些专用标志，例如红十字、铁路、航空等标志也不能作为作品的题目。

要注意季节性。作品的命题应随着季节的变化而变化。但根据需要，有时也可以雕刻出不是当季的花卉，从而产生调节气氛和增添兴致的效果。例如，室外大雪纷飞，寒风刺骨，而室内宴席却用雕刻的迎春、月季、玫瑰等花卉装饰，会使人感到春意盎然，忘却了寒冷。

要注意使用场合，尊重民族风俗习惯，了解人们的喜乐和厌忌。例如，我国的婚宴，常选用鸳鸯戏荷等食品雕刻作品，港澳台同胞和海外华侨喜欢用大红“喜”字的食品雕刻作品，东南亚国家喜欢象。

要注意定型。根据作品的主题思想和使用场合，决定作品的表现方法，有的整雕，有的凹雕，而且雕刻的大小、长短、高低也各不相同。

要注意选料。根据作品的命题及形态，选择适当的雕刻原料。

要注意布局。根据作品的主题思想、形态、原料，合理安排作品内容。首先安排主题部分，然后安排陪衬部分。以陪衬部分烘托主题部分，突出主题，避免冲淡主题，甚至喧宾夺主。

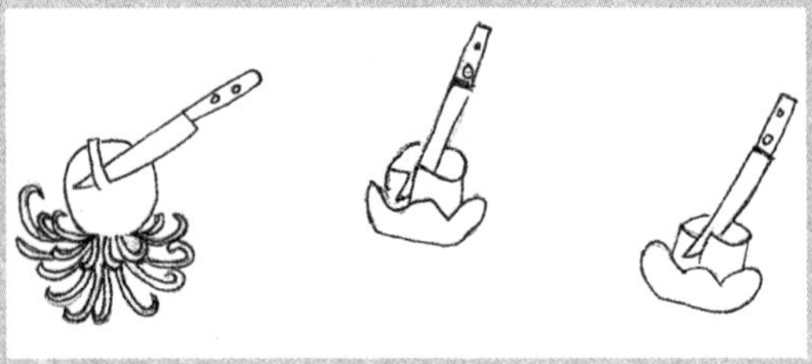

旋

要注意落刀。旋制之前，通常要刻个轮廓，也就是底稿。忌用钢笔或圆珠笔勾划，可用竹签画底稿，再循图雕刻。也就是说，要先刻出轮廓，再加工细节部分。下刀要准确。

旋制原料及成品的保藏

旋制刀法用于食品雕刻，便成了技术性、艺术性很强的创作活动。原料要精细选择，作品要精雕细刻。所使用的原料，都含有较多水分和一些不稳定元素，容易变形变质，所以要注意保藏。

常用的萝卜、薯类、甜菜根等原料，应放在通风清洁的沙土中，并保持适当水分，使之湿润保鲜。冬天还应覆盖稻草加以保温；夏天则要保持干燥，防止腐烂，注意清洁卫生。原料发芽、长毛、内部松空、脱水发软，就不能使用了。

用旋制刀法进行雕刻操作时，原料应衬有洁布，以保持原料卫生和避免破损。如果一次不能旋制完毕，应用清洁湿布包好，防止干瘪变色。原料不能浸水，因吸足水分后，原料发脆，花纹模糊，甚至腐烂，不宜旋制。

旋制后的食品雕刻作品，在保藏时应注意两点：一是，把食品雕刻作品浸在矾水中。矾水浓度约5公斤水加矾5克。如发现矾水中有小气泡或发浑现象，应换清水。需要保藏的食品雕刻作品，应放到阴凉处或冰箱里，防止腐烂变色。二是，食品雕刻作品不能沾有盐、碱、热水。防止盐和热水使作品出水变软；碱对食品雕刻作品也有很大腐蚀性。

旋制刀法菜例

丹凤朝阳

原料

大青萝卜，长南瓜。

刀具

直刀，斜IZI刀，圆IZI刀，V型刀，小戳刀。

刀法

直刻，旋刻，镂空刻，细条刻。

特点

凤是我国神话传说中的一种吉祥之鸟，是百鸟之王。凤作为吉祥物，为民间喜庆场合增添了不少吉庆色彩，备受人们喜爱。凤在食品雕刻中表现形式丰富多彩，一般多以丹凤朝阳、百鸟朝凤、龙凤呈祥、凤戏牡丹为题材。该食雕作品，在确定主题后，采用逐层推进的技法，一气呵成。

双寿报春

原料

南瓜，萝卜，胡萝卜。

刀具

直刀，斜口刀，圆口刀，V型刀。

刀法

旋刻，直刻，插刻。

特点

此雕品采用均衡构图法，一只寿带鸟跃跃欲飞，放声欢歌春天的到来，另一只寿带鸟相对而立于梅花枝头，注视着艳丽花朵，呼吸着春天的气息。雕品形象栩栩如生，尾羽形态飘洒自如。

锦绣花篮

原料

南瓜，萝卜，胡萝卜，茭瓜，笋。

刀具

直刀，平口刀，斜口刀，圆口刀，V型刀。

刀法

旋刻，直刻，插刻。

特点

花篮造型典雅大方，花朵绚丽多彩，呈怒放之势，与龙篮融为一体，令人心旷神怡。花篮雕刻，尤其是在大型宴会或生日宴会中出现，更能增添喜庆气氛。

刮：刀工中的“于无声处听惊雷”

刮出“放心肉”

在烹饪行业，进行肉类原料初加工时，有一种经常使用的刀法：刮。

猪头要刮，猪蹄要刮，猪尾、猪肘也需要刮。这些原料，形状特异，外表凸凹不平，屠宰时或多或少带有残余的毛根、皮膜、污物，既不美观，又不卫生，还有异味。如果处理不好，就会影响菜肴质量。对肉里的毛茬、毛根，用餐人望而生畏，食欲会大打折扣——这不是“放心肉”！

2005年中秋节期间，《中国食品报》在头版头条刊出《南宁松香拔鸭毛何时休》的文章。文中写道：“松香对皮肤具有刺激性，会引起皮肤血疹及疱疹等症状。而松香在被用来加工鸡鸭时，会通过热涨的毛孔渗入鸡鸭体内，并附着在其嘴角、翅膀及隐蔽处，人食用后会中毒。”

文中还引用了专家的话：“由于商贩们拔鸭毛的松香是循环使用的，这些松香在高温下会不断发生氧化作用，同时，被粘下来的鸭毛也会在高温下不断发生化学反应，产生有害物质，通过鸡鸭‘传递’进人体，造成危害。使用松香脱毛，只能会使好鸭变‘毒鸭’。”

可见，松香脱毛后的肉，不是“放心肉”！

肉品安全，是件大事。我国是肉类生产和消费大国。有资料显示：我国人均年肉类消费支出达438元，与人均年粮食消费支出相等。但由于生产、防疫和屠宰等方面存在的问题，严重制约了肉类产业的发展。猪、鸡、鸭等畜禽的脱毛，由于费工费时又难于脱净，在脱毛时和脱毛后，都存在一些不可忽视的问题。目前，鸡鸭等禽类的脱毛，应使用卫生部批准的松香甘油脂，而不可直接使用松香。猪、牛、羊等畜类的脱毛，应根据原料情况，采用刮、燎、浸、漂等加工方法。

在畜类原料初加工中，刮制刀法不仅在脱毛时大显身手，还作用于肉、肚、舌等部位，除污垢、去血污。

我们来看厨师的正确操作：

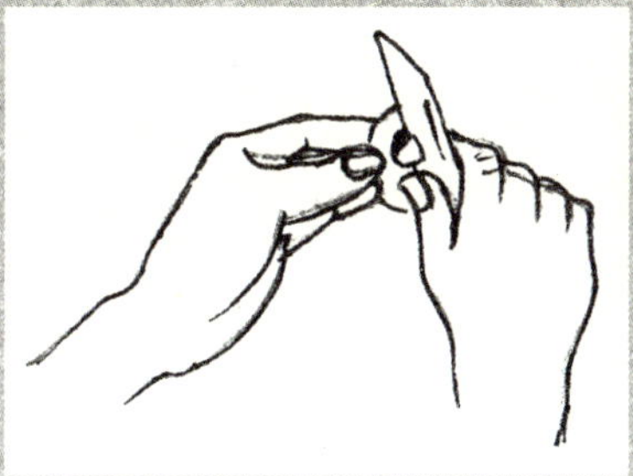

刮。在雕刻中起修平、找圆的作用，还用于去掉原料表面的附皮。

猪肉：先把猪肉放到冷水盆里（冬天加入适量温水），双手按在猪肉上，用力挤压，渗出猪肉体内的淤血，然后用刀刮去肉皮上的污秽，用清水反复清洗，去除血污，用镊子拔去皮上的硬毛，再用清水冲洗干净，放在通风处，让肉体内的水分自然泄出。

猪肚：把猪肚放到盆里，加入食盐和醋，用双手反复揉擦，使猪肚上的黏液凝结脱离，用水洗去黏液。把手伸进猪肚内，抓住猪肚的另一端，翻转过来，再加食盐和醋，继续揉擦，洗去粘液。然后把猪肚放到沸水锅里，把猪肚内壁刮洗光爽，再把猪肚翻转过来，放到冷水锅里，边加热边用手勺翻动，烧沸，去除猪肚里的异味，把猪肚浸泡在冷水里。

牛肚：牛肚和猪肚的初加工方法基本相同，但牛肚更费工费时。要边刮边洗，把毛刺内的油块、污物和未消化的食物刮洗干净，还要把牛肚分割成小块，放到冷水锅里，边加热边刮洗，直到牛肚变软，再用清水反复冲洗，使其光滑清洁，无异味，易成熟。

猪尾：先把猪尾放到火上，燎去猪尾上的毛，然后把猪尾放到热水锅里，用手挤捏，去除油腻。再放到热水锅里，边刮边洗，把猪尾上的污斑刮净。

猪舌：猪舌表面有一层硬舌苔，污物多，异味重，不刮洗干净，菜肴口味不鲜美，也不利于人体健康。所以，要先用水把猪舌清洗干净，再把猪舌放到沸水锅里稍煮，煮得舌苔增厚、发白，立即取出，用清水洗去血污，用刀刮去舌的白苔、切去舌的根部。

猪爪：把猪爪放到火上，在燎去硬毛、外皮焦黄时取下，放到清水盆里，用刀刮去猪爪的余毛和硬皮，再用清水反复冲洗，去除污物。

火腿：火腿改成小块，用冷水浸泡半小时，把表面灰尘洗干净，把火腿的表皮、污物刮净，放到温碱水里，边泡边洗，洗净油污，再用清水反复冲洗，去除油污，漂去碱味。

轻轻地刮……

刮，不像劈那样大刀阔斧，也不像剁那样大动干戈，而是轻轻地刮，均匀地刮，细细地刮，反复地刮。

刮制刀法，有些慢条斯理，却是无可代替。

在各种刀法中，刮给人以“于无声处听惊雷”的感觉。

北京市顺义区大方职业学校彭佩福校长说，一些学员在刮法练习时，经历由轻视到重视的转变之后，勤学苦练的劲头，真是让人刮目相看。他在介绍学员练习刮式刀法的情形时，讲得很具体：

在刮鱼鳞时，不用力过猛，不碰破鱼皮。因为刮破了鱼皮，就会影响菜肴质量。

在刮鱼青取鱼胶时，左手按住鱼尾，或把鱼尾钉在砧墩上，从尾部向头部刮，均匀用力，防止鱼肉表面不平整，刮起来也不顺，甚至带有筋丝、骨丝。

在制茸时，刮刀顺着原料筋络把肉刮下来。刮出的鸡茸，没有茸中带丝带片的质量问题。

在刮鸡爪、猪蹄表面的污垢时，既严格又细致，从而保证了刮制质量。

无论烹饪教学，还是厨房实践，运用刮制刀法的目的，是把需要去掉的东西刮下来。这就必须按照操作要领来刮：刀身基本保持垂直，刀刃接触实物，横向运刀，均匀用力，左手按稳原料，不让原料滑动。

以鱼类原料的初加工为例，第一道工序，常常是刮，轻轻

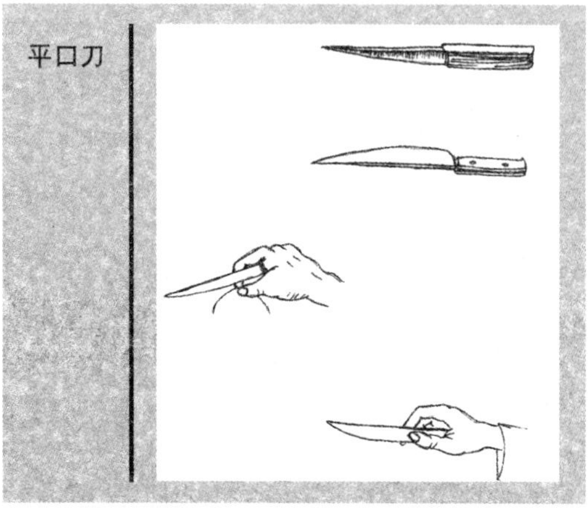

地刮：

刮黄鱼、青鱼：右手握刀，左手按住鱼的头部，刀从尾部向头部刮去——倒着刮去鱼的鳞片。

刮带鱼：带鱼表面虽然没有鳞片，却有一层发亮的银鳞，入口肥腻。一般来说，要把这层银鳞刮去。右手持刀，从鱼头至鱼尾，再从鱼尾至鱼头，来回刮，直到刮去所有银鳞。

刮海鳗：用刀把海鳗表面的黏液刮净。

刮制刀法，不仅常用于肉类原料初加工，也常用于刮去嫩皮蔬菜的表皮。例如，刮去丝瓜的表皮。丝瓜刮去表皮之后，经过改刀，变成不同的形状，便可制成形状各异的菜肴：

滚料块：规格为4×1×1（厘米），采用炒的烹饪技法，制成丝瓜炒蛋。

丝：规格为5×0.1×0.1（厘米），采用拌、炝等烹饪技法，制成椒油丝瓜、炝丝瓜。

片：规格为4×1.5×0.1（厘米），采用汆等烹饪技法，制成丝瓜汤。

滚筒形：规格为5×2×2（厘米），采用煮、熘等烹饪技法，制成盐水丝瓜、蚝油丝瓜。

段：长度为4厘米，中间瓜瓤剜空，塞入鸡茸、虾茸，或末、泥状原料，采用蒸的烹饪技法，制成酿丝瓜筒、鸡茸丝瓜、虾茸丝瓜。

非刮不可的菜肴

下面，介绍以猪舌、丝瓜、鱼、猪蹄为主料的几道菜肴。它们有一个共同的特点，就是在施用刀法上，非刮不可。

五香口条。刀法——刮。

制作方法：把猪舌洗净，放到锅里，加水，煮至断生，捞出，刮去舌苔，洗净。再放到锅里，加入水、葱段、姜片、桂皮、八角、花椒、料酒、精盐，旺火烧沸，撇去浮沫，改小火煮至熟烂。把猪舌捞出，拣去葱、姜、桂皮、八角、花椒，切成形，装盘，淋上芝麻油。

蒜辣瓜丝。刀法——刮、直切。

制作方法：把丝瓜表皮刮去，再去掉两头，直切成“一”字条；鲜红大辣椒去蒂、籽、筋，洗净，切成丝；火腿肠切成丝；干红辣椒去蒂、籽，切成段，用水浸泡。把锅放到火上，加入清水，烧沸，放入丝瓜条、鲜红大辣椒丝，烫熟，捞出，沥干水分，一同放到容器里，放入火腿丝、精盐、味精，拌匀。再把锅放到火上，放入麻油、干辣椒，炸出香味，捞去辣椒，加入蒜油，调和，趁热倒入装丝瓜的容器，拌匀，装盘。

红烧头尾。刀法——刮、劈。

制作方法：鱼头刮鳞，去腮。鱼尾刮鳞，洗净。鱼头劈成两片。把锅放到火上，放入花生油，烧热，放入葱、姜，煸炒出香味，放入鱼头、鱼尾，略煎，放入清水，淹没，加入料酒、酱油、白糖、香醋，烧沸，改小火，烧至入味，改旺火收汁，起锅装盘。

盐水蹄膀。刀法——剔、刮。

制作方法：猪蹄膀镊去毛，剔去骨，刮洗干净，放到容器里，用精盐搓擦后，加入料酒、葱、姜，腌制4小时。把蹄膀放到沸水锅里，焯水5分钟，捞起，放到清水里，刮洗干净。蹄膀放到冷水锅里，加入香料、葱段、姜片、料酒、精盐，大火烧沸，去除浮沫，用小火煮1小时，用筷子能戳破蹄膀皮时捞起，放到容器里冷却，切成大小适宜的薄片，排放到盘里。把原汁汤、蒜茸、味精、精盐放到一起，调匀，倒在肉片上，再摆上香菜。

人们进行烹饪原料加工时，经常运用刮制刀法，即厨师们所说的“非刮不可”。根据不同情况，有时只用刮制刀法，有时则需运用混合刀法：既用刮制刀法，又用其他刀法。

刮制刀法菜例

三丝湖鲜

原料

太湖鲜桂鱼1条(约重1250克)，熟火腿丝50克，绿叶丝50

克，香菇丝50克，整鲜菇1听(425克)，精盐5克，味精1克，绍酒25克，姜汁2.5克，湿淀粉15克，生油50克。

制法

将活桂鱼刮鳞去鳃，剖腹去内脏，洗净，连胸鳍切下鱼头，然后用刀沿背脊两侧平批至尾前1.6厘米处，于尾前3.3厘米处斩断，去掉脊骨，在两片鱼肉上再分别批去胸刺；鱼皮朝下，每边鱼肉切成25片，每片规格约为4.5×5×0.2厘米，漂清、洗净、沥干，放入碗中，加绍酒、精盐、味精、拌和。

把长5.5厘米的三丝(熟火腿丝、绿叶丝、香菇丝)少许，放置每片鱼肉中，卷成3.5厘米宽、2.5厘米厚的鱼卷，共50个。

将鱼头下巴剖开，用刀面轻轻拍平，放置鱼盆一端，将鱼尾段垂直摆放在另一端，在头尾间先铺两排鱼卷，每排9卷；再铺第2层鱼卷，共两排，每排7卷；最后居中铺第3层，一排5卷，余下的鱼卷，在头尾部衔接处铺下，使全盆呈整鱼形。

将盆移至旺火上蒸10分钟，蒸前将盆蒙上网包油，或一张玻璃纸，以防锅盖水滴入盆中，蒸后将盆内鱼形稍加整理。原汁倒入炒锅，勾成明卤，浇在鱼身上即成。

特点

此菜原汁原味，鲜嫩可口，鱼肉洁白，三丝悦目。

东坡肉

原料

五花猪肋肉750克(选用猪肋下的一块肉，皮薄、肉厚、肥嫩，每只猪大约只能取出此菜用料300～8500克)，冰糖1块(35克)，姜块25克，酱油75克，绍酒100克，香葱50克。

制法

选用肥嫩、薄皮、肉厚3.3厘米的五花肉，刮净皮上的余毛，用温水洗净，放在沸水锅内浸没，约余5分钟，煮出血水，洗净，切成10个正方块(每块重约75克)。

取大炒锅一只，用小蒸架(竹箅子)垫底，先铺上葱，再放入拍松的姜块，然后将猪肉(皮朝下)整齐地排在上面，加糖、酱油、酒，再加葱结，盖上锅盖。将面粉用冷水调温，搓成面条，密封锅盖，用旺火烧开后，改用微火焖2小时左右，开封启盖(如肉末至八成酥，可将肉块翻身，再加盖密封，继续用微火焖)。将炒锅端离火口，另取特别小瓷罐，放入焖酥的肉(皮朝上)，撇去肉汁上面的浮油，分别倒入10只罐中，加盖后，用桃花纸(羊皮)纸条密封罐盖四周，上笼用旺火蒸半小时左右，至肉酥透为止。食前将罐放入蒸笼，再用旺火蒸10分钟左右。

特点

色泽红亮，味醇汁浓，肉酥烂而不碎，味香糯而不腻口。

三杯鸡

原料

三黄仔鸡1只(约750克)，葱白40克，生姜25克，熟猪油1杯(60克)，甜米酒1杯(60克)，酱油1杯(60克)，芝麻油15克。

制法

将鸡宰杀，投入70℃左右的热水中烫浸，去毛。脱出爪、皮和嘴壳，以清水洗净，用刀在颈部开一小口，取出气管、食管，再在腹部开小口，取出内脏。剖开鸡肫去杂物，鸡心挤去淤血。生姜刮皮切成1厘米见方指甲丁，葱白切成1.5厘米长的段。

用刀斩去鸡爪，嘴尖，再沿脊骨剖开，然后将鸡斩成1.6厘米见方的大丁，鸡肝、肫、心分别切成与鸡肉同样大的丁，装入一小砂钵，放入葱、姜，下3杯调味品（米酒、猪油、酱油各1杯，不放汤水），加盖待用。

取泥炉一只，木炭置其中点燃，将盛鸡砂钵放炉上，以文火焖制，见水将干时，淋入麻油，再稍焖至鸡烂离火，以盘托砂钵上桌。

特点

此菜色泽酱红，原汁原味。浓香诱人，酒饭皆宜。

食雕：凸现刀工的神奇

赛事最多的刀法

“红染桃花雪压梨，玲珑鸡子斗赢时。”这是唐代元稹写在《寒食夜》里的诗句。诗中的“鸡子”，即鸡蛋。普普通通的鸡蛋，怎么变得“玲珑”了？原来，是雕卵创造的神奇！雕卵，还要看谁雕得最好——“斗赢”。据烹饪专家考证，这是我国最早关于食雕比赛的记载。

雕卵，又称“镂鸡子”，就是将鸡蛋雕镂出花纹图案。这种经过刀工处理的鸡蛋，便是最早的食雕作品，出现在公元前221～206年，用于敬神和祭祀。后来，雕卵逐渐走进人们的饮食生活。烹饪古籍多有这样的记录：“唐代，镂鸡子已成为寒食节的必备食物。”

在宋代饮食生活中，多了一种名为“花瓜”的瓜——将瓜雕刻成花样，谓之花瓜。

清代乾隆年间，又出现了一种名为“瓜灯”的食雕作品——在西瓜皮上雕刻出人物、花卉、虫鱼等。

在相当长的时间里，食雕作品虽然也属于“菜”，但并非食用，被称之为“看菜”、“工艺菜”、“造型菜”，只具有观赏价值。

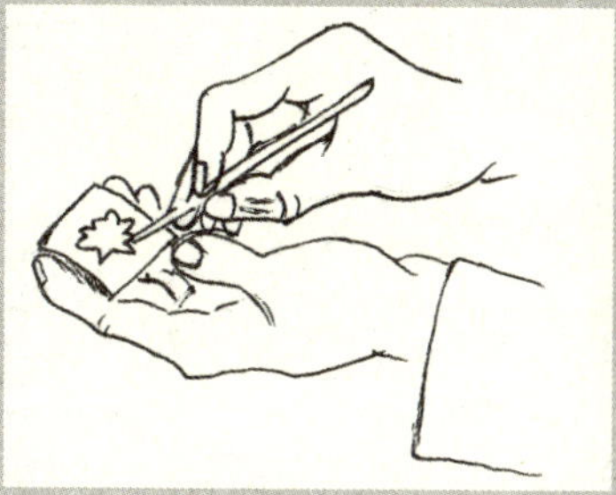

叠片刻

如今，人们越来越重视食雕作品的食用性。食雕作品，既是可供观赏的艺术品，又是形美味也美的食品，观之心旷神怡，食之津津有味，使人们得到更高级的美食享受。

食雕作品花样繁多，既有冷菜，又有热菜。

在冷菜中，食雕作品主要起点缀和衬托作用，增加艺术色彩和艺术感染力，提高欣赏价值。普通冷盘，点缀一些花朵或花边，能生色不少；花色冷盘，雕刻某些关键部位，还能增加立体感。“孔雀开屏”的冷盘，放上一个雕刻的头部，显得更加生动形象。婚宴的冷盘，放上雕刻的红双喜字，更能突出喜庆气氛。夏天的酒席，摆上一个西瓜盅，格外雅致，招人喜爱。高级宴会，用上几个带雕刻的花色冷盘，更增添富丽堂皇的色彩。

在热菜中，食雕作品一般用于汤汁少或无汤汁的菜肴中，特别是大件菜。在烤鸭或烤乳猪的盘边，放一朵牡丹花或月季花，就增添了美观雅致。油炸类菜肴，适当点缀食雕作品，也能增色添彩。

不论冷菜还是热菜，食雕作品都大有用武之地。因此，从古至今的各种烹饪比赛，不仅能在冷菜和热菜中欣赏到厨师的食雕作品，还有专门举办的各级各类食雕比赛。食雕，是赛事最多的刀法。

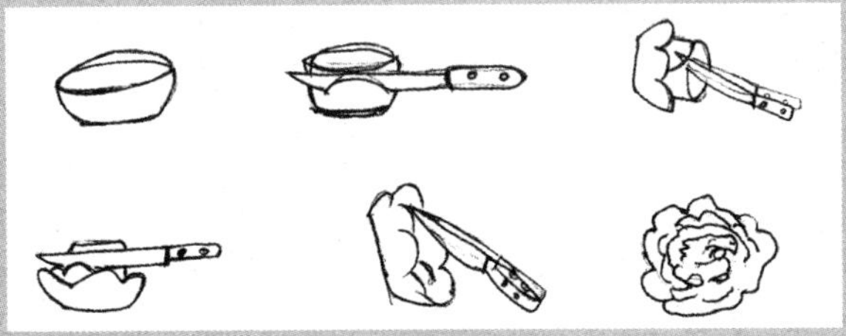

刻

我们来看看食雕大师张志广的参赛经历：1983年，在第一届全国烹饪大赛上推出食雕作品“群仙祝寿”；1986年，在卢森堡举办的世界美食烹饪大赛上，以“龙凤呈祥”、“飞燕迎春”、“喜鹊登枝”、“鸳鸯戏水”、“松鹤延年”的艺术拼盘，夺得金牌；1988年，接连参加两个重大比赛：先是在首届北京“京龙杯”烹饪大赛上，以食雕作品“雄鹰听涛”获大赛最高奖，以食雕“麻姑献寿”获大赛表演奖。接着，在第二届全国烹饪大赛上，以“秋蟹映月”赢得艺术花拼的金牌；1992年，在上海参加国际烹饪大赛，以“凤戏牡丹”摘取食雕金牌。他参加的烹饪比赛虽然不只这些，却也足以说明，不同时期、不同档次、不同规模的烹饪比赛，都离不开刀工，少不了刀工中的食雕。

《中国烹饪百科全书》说，食雕“属于刀工切配的一个部分”。

刀具最多的刀法

食雕，是食品雕刻的简称。食品雕刻，是在食品原料上又雕又刻。

与木雕、石雕、冰雕、牙雕相比，食雕的原料更为广泛。脆性原料可雕，韧性原料也可雕。

萝卜类，有红萝卜、白萝卜、青萝卜、洋花萝卜、心里美萝卜、红胡萝卜、黄胡萝卜。这些萝卜，有的可以雕刻人物、动物、山石、盆景，有的可以雕刻装饰圆柱，全都可以雕刻各种各样的花卉。所以，人们还把食品雕刻说成“刻萝卜花”，甚至将食品雕刻称为“萝卜雕刻”。

其实，食雕原料并不是萝卜的“一统天下”，甘薯、马龄薯等薯类，可以雕刻各种动物；冬瓜、西瓜、南瓜等瓜类，可以雕刻人物、动物、建筑物、瓜盅、瓜灯；荸荠可以雕刻宝塔；冬笋可以雕刻小竹桥；生姜可以雕刻金鱼；尖头辣椒可以雕刻石榴花；圆头辣椒可以雕刻玫瑰花……

瓜果类和根茎类原料，食雕中使用较多，但也不是“舍我其谁”，在食雕中扮演重要角色的，还有肉蛋类原料。卤猪肝、酱猪肉、酱牛肉，常用来雕刻亭台楼阁、假山假石；各种蛋类蒸制的蛋糕，常用来雕制龙、凤、鸟、虫、鱼和亭台楼阁的部件。肉蛋类原料，大多是熟制品，松软酥嫩，可食可雕。

食雕注重选用新鲜可食的原料，也有少量不可食的生料，仅用于装饰。在林林总总原料上精雕细刻，也就离不开各种各样的雕刻刀了。雕刻刀，是厨刀的一种。

用于食品雕刻的刀具，主要是根据操作经验和对作品要求，自行设计制作的。由于不同地区雕刻手法不同，对工具的设计和要求也有所不同。厨师手上常有自己“土造”却很适用的食雕刀具。在切、削、劈、片等各种刀法中，食雕刀法拥有刀具最多。目前，市场上出售的定型食雕刀具也越来越多：

平口刀。适用于削切物体的大形轮廓，也适用于雕刻有规则的物体。

直刀。多用于整雕和结构复杂的食雕作品。

斜口刀，又称尖口刀。多用于绘制图案线条。刀刃有斜度，刀口呈尖形，根据斜度大小，分为大斜口刀和小斜口刀。

圆口刀。刀身呈半圆桶状。大的圆口刀用于镂空和剔挖原料，小的圆口刀用于雕刻鱼纹和羽毛。

V型刀。刀刃呈V形。一套三把，用于雕刻花瓣和槽痕。

圆柱刀。刀身一头粗，一头细，中间空，两头有刀口，主要用来雕刻花蕊。

宝剑刀。刀刃呈宝剑形，两头有刀刃。用于雕刻西瓜灯和花蕊。

圆珠挖刀。刀身两头有刀刃，刀刃呈半圆形。用于剜削呈圆球形的瓜果。

勺口刀。刀身一头有刀刃，刀刃呈口形，用于剜削瓜果内瓤。

模型刀。根据各种动物形象做成的空心模型刀具。操作时，将模型刀放在原料上压制，就可取得动物形象的雕品。这种刀法，也叫“平雕”。

食雕，除了专用的刀具之外，还有镊子、剪子等特种工

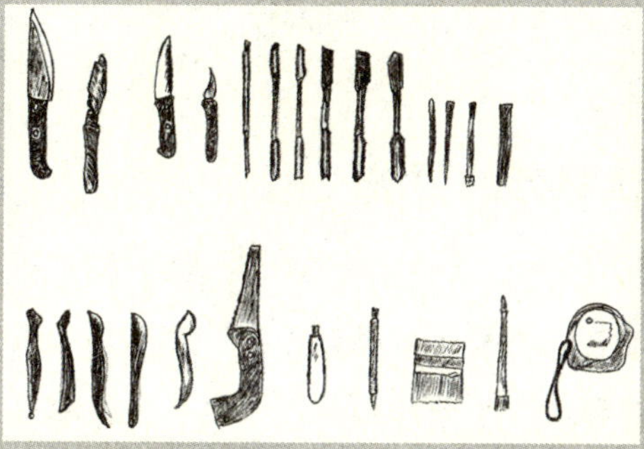

多种多样、规格各异的食雕刀具，最难统一。

具。每种工具都有特殊的用途。正是“人巧不如家什妙”！

厨师爱刀。小巧精美的雕刻刀，每次使用之后，都要擦洗干净，防止生锈，还要分类保管，避免互相碰撞，损坏刀口。这些刀具还要经常磨，保持刀口的锋利、光滑。

面对五花八门的食雕原料，手持功能奇特的食雕刀具，食雕大师总是根据原料的性质和雕品的要求，熟练地施用各种刀法：

采用直刀刀法，用来打圆、直刻、旋刻；采用圆口刀法，雕刻花瓣、花蕊和鸟类羽毛；采用翻刀刻的刀法，雕刻半开放的花朵和翅起的鸟类羽毛；采用排戳刀法，雕刻宝塔；采用旋剪刻刀法，先旋刻成花朵，再用剪刀剪成尖形菊花瓣；采用平刻刀法，按作品形态要求，把蒸好的蛋糕切成两端平整、刀口一致的条或块，用于冷拼和热菜的配料……

最能展现刀工技艺的刀法

“书生报国无他物，唯有手中笔如刀。”在厨师看来，以精美的食雕作品款待客人，手中却是“刀如笔”。食雕手法，主要有4种：

一、执笔手法：握刀的姿势如同握笔。拇指、食指、中指捏稳刀身，以便雕刻浮雕画面。例如，雕刻瓜盅、瓜灯。

二、插刀手法：与执笔手法大致相同，只是小拇指与无名指必须按在原料上，以保证运力准确，不出差错。例如，雕刻花卉和动物的鳞片、羽毛。

三、横刀手法：四指横握刀把，拇指紧贴刀刃内侧，运刀时，四指上下运动，拇指按住要刻的部位，每完成一刀操作，拇指自然回到刀刃内侧。这种刀法多用于大型整雕和一些花卉的雕刻。

四、纵刀手法：四指纵握刀把，姆指贴于刀刃内侧。运刀时，手腕从右至左转动。这种刀法用于雕刻表面光洁、形体规则的物体。例如，雕刻圆形和花卉的坯形。

食品雕刻，只有手法正确，执刀姿势随着作品形态的变化而变化，才能得心应手，雕刻出各类精美的作品：

人物——寿星、财神、八仙、嫦娥、童子。

花卉——菊花、梅花、荷花、玫瑰、月季、牡丹、大丽菊、马蹄莲、牵牛花。

鸟雀——孔雀、凤凰、雄鸡、天鹅、鸳鸯、鹰、鹤。

鱼虫——金鱼、鲤鱼、虾、蟹、螳螂、蝉、蝴蝶。

兽畜——龙、兔、牛、马。

吉祥物——花瓶、绣球、双喜字。

瓜雕类——瓜盅、瓜灯。

食雕作品，有的形象逼真，有的玲珑剔透，有的栩栩如生，绝非一日之功。有人一入厨行，就首先操刀雕刻，因为缺乏必要的刀工基础和艺术修养，不可能雕刻出好的作品。早在1989年召开的首届中国烹饪学术研讨会上，就曾有专家建议，“为了不影响厨师对烹饪技术的研究学习，又不致于耗费大量的时间和精力去雕刻一些无艺术价值的东西，在烹饪行业中应提倡烹调师与食品雕刻师的严格分工，即设立专门雕刻师，就像宾馆中的红、白案分工和墩、灶分工。只有这样，从事雕刻艺术的人员才能有更多的时间和精力，去钻研食雕技艺，使这一艺术发挥应有的作用。”

食雕是一个刀工难度大、工艺复杂、花费时间长的手工操作过程，是最能展现刀工技艺、凸显刀工神奇的刀法。食雕难，而且在食品卫生、雕品使用和原料利用等方面，也都有很高的要求：

一是，雕品与操作者的手、刀具等频繁接触，要尽量避免污染。

二是，食雕不能单纯为了好看，颠倒主从关系，舍本求末，乱用材料。一味矫揉造作，使食者产生“金玉其外，败絮其中”的感觉。食雕，最好是好看又好吃。

三是，防止“画蛇添足”。有人硬是在烧好的“乌龙闹海”这道菜里埋入用萝卜雕刻的龙头，一款好端端的“烧海参”，被这个“艺术品”给糟踏了。

四是，防止“费力不讨好”。食雕作品的用量要适当。专家认为，一桌宴席的雕品不能超过3件。多了，显得累赘，“费力不讨好”。不仅没给原有的菜品增加美感，反而使人感到可笑而又多余，甚至产生厌恶的感觉。

五是，注意节约原料。随着烹饪科学的发展，通过不断创新，观赏性雕品应选用既无害又无食用价值的可塑性原料，一次雕刻，多次使用，既省时省力，又节约原料。

食雕刀法菜例

月季花

原料

紫心萝卜、黄瓜。

制法

1.用平口刀把萝卜的前部切下7厘米长的一段，这部分纤维集中，颜色鲜艳。

2.将切下的萝卜削成半圆形，修成月季花的花坯，在底部一端平均分成五等份，确定5个花瓣的位置。

3.在确定的花瓣位置上，由上向下直刻出5个花瓣，即为第一层。花瓣之间距离和厚薄一致。

4.在剩余的花坯上旋围一圈，去掉废料，形成第一层和第二层花瓣之间的空隙。旋时不能碰破第一层花瓣，并旋得圆整光滑。

5.在第一层花瓣中间落刀，插空刻出第二层的5个花瓣。

6.重复4、5步骤，刻出第三层花瓣。

7.从第四层花瓣起旋刻，使花瓣带有一定弧度，并向里收口交错重叠进行雕刻，直至旋刻到萝卜中心花瓣包住花蕊为止。

特点

命题：一朵含苞欲放的月季花。黄瓜皮修成绿叶，紫心萝卜雕刻成月季花，定型为直径6厘米、高度5厘米的整雕作品。

西番莲

原料

白萝卜、胡萝卜、芹菜叶。

制法

1.将白萝卜削成半球形的花朵大坯。

2.将平面朝下放稳，用2号圆口刀在半球中心剜出深2厘米的圆窟窿。

3.取胡萝卜，用平口刀修成同萝卜窟窿同样大的圆柱形，把一端修成半球形，做花蕊用。

4.用5号圆口刀，把胡萝卜刻成菊针式的花心，层与层之间有空隙，并插空进行。

5.用5号圆口刀窄端，在萝卜坯中央已剜出的窟窿内壁处从上往下戳一层小沟。

6.用5号圆口刀宽端，在小沟外侧3厘米处下刀，由外向中心运刀，戳刻一周，形成第一层花瓣，然后再用平口刀把刻花瓣留下的小沟旋平。

7.用5号圆口刀宽端，在第一层花瓣外围插空戳刻一周，再用4号刀窄端贴每二层小沟戳刻一周；用平口刀再旋刻去小沟刀迹，第二层花瓣即显出。

8.按照刻第二层花瓣的方法，逐渐向外戳刻，每层都更换一次比本层大的圆口刀，戳旋反复交错进行，直到刻尽萝卜为止。

9.把刻好的胡萝卜花芯插入中心的窟窿内，最好用牙签固定住。

特点

命题：一朵盛开的西番莲鲜花。以芹菜叶为花叶，白萝卜与胡萝卜雕刻组装成西番莲花，定型为直径8厘米、高度4厘米的组装雕刻作品。

西瓜盅

原料

深绿色西瓜一个，约3千克；非深绿色的厚皮西瓜1个；什锦水果适量。

制法

1.在西瓜的四分之一处，以瓜蒂为圆心画好盖的位置，用圆口刀或平口刀刻成曲线半圆槽状或锯齿状，将瓜开成两半。

2.用西瓜根部制成盅盖。

3.用汤勺将盅盖和盅体内的西瓜瓤挖尽。

4.选用适当刀具按所设计的图案施刀雕刻，直至刻成全部图案。

5.另取一块比瓜盅本身直径大的厚皮西瓜，刻上适当花纹图案为底座。

6.在盅内装上什锦水果，不能装太满，盖上盖，放到刻好的底座上。

特点

命名：金鱼戏莲西瓜盅。盅盖、盅体、盅座均为西瓜制品，盅内的什锦水果可食用。既好看，又好吃。定型为比例合理的凸雕作品。

梁实秋论烹饪刀工
——《读〈烹调原理〉》赏析

喜欢吃、研究吃、致力于写吃而又写出些名堂的人，常被人们尊为“美食家”。尽管这“家”没有权威的资格认证，没有职称证书，却古今不乏其人，比如，伊尹、苏东坡、白居易、曹雪芹、袁枚、梁实秋、蔡澜、沈宏非，等等。且说活跃于上个世纪饮食文化领域的梁实秋，他笔下的“吃”，不仅有所吃之物，还有与吃相关的种种。近日，笔者阅读他的《读〈烹调原理〉》，对这位“美食家”又多了几分敬意。特别是他“掩卷之后，联想泉涌”的刀工评论，激励笔者写下这篇《读〈烹调原理〉》赏析的笔记。

梁实秋在《读〈烹调原理〉》里论刀工，一口气写了一个长长的自然段，几乎占用整整一个页码。此段之前的内容，是“着手烹饪，第一件事是‘调货’”——即如今通常所说的“选料”。紧接此段，梁实秋开笔写道：

“第二件是刀口（页七十七），一点也不错，一般家庭讲究刀法的不多，尤其是一些女佣来自乡间，经常喂猪，青菜要切得碎碎细细，要煮得稀巴烂，如今给人做饭也依样葫芦。很少人家能拿出一盘炒青菜而刀法适当的。”这就对饭店里“扔下锄头，走上灶头”的司厨者提出了批评。确实，他们应该经过烹饪院校或拜师学艺的形式，接受正规的烹饪教育，学习刀工知识，练习刀工技艺，为厨师工作打好基础。

在强调厨师的专业性之后，梁实秋举例说明刀工不标准的弊端："炒芥兰菜加蚝油，是广东馆子的拿手，但是那四五寸长的芥兰，无论多么嫩多么脆，一端下了咽，一端还在嘴里嚼，那滋味真不好受。"

植物原料加工讲究刀工，动物原料加工更离不开刀工。梁实秋写道：

"切肉，更不必说，需要更大的技巧。以狮子头为例（页一九七），谁没吃过狮子头？真正做好却不容易。我的同学驻葡萄牙公使王化成先生是扬州人，从他姑妈学得了狮子头做法，我曾叨扰过他的杰作。其秘诀是：七分瘦三分肥，多切少斩，芡粉抹在手掌上，搓肉成团，过油以皮硬为度，碗底垫菜，上笼猛蒸。上桌时要撇去浮油。然后以匙取食，鲜美无比。再如烤涮羊肉切片，那是真功夫。大块的精肉，蒙上一块布，左手按着，右手操刀。要看看肉的纹路，不能顺丝切，然后一刀挨着一刀地往下切，缓急强弱之间随时有个分寸。现下所谓'蒙古烤肉'，肉是碎肉，在冰柜里结成一团，切起来不费事，摆在盘里很像个样子，可是一见热就纷纷解体成为一缕缕的肉条子，谈什么刀法？"

一把厨刀，万种风情。有很多时候，需要切、剁、削、片、剜等多种刀工刀法并用，才能取得"刀下生花"的理想效果。梁实秋以普普通通的饺子馅为例，告诫厨师朋友，要"多切少斩"：

"我们普通吃饺子之类，那肉馅也不简单。要剁碎，可是不能剁成泥。我看见有些厨师，挥起两把菜刀猛剁，把肥肉瘦肉以及肉皮剁成了稠稠的浆糊似的。这种馅子熟了之后可能有汁水，但是没有味道。讲究吃馅子的人，也是赞成多切少斩，很少人肯使用碾肉机。肉里面若是有筋头巴脑，最杀风景，吃起来要吐核儿。”

行文至此，笔者一字不漏地引用了梁实秋在《读〈烹调原理〉》中评论刀工的600字。如此“文抄公”，或许也能给厨师朋友提供一点启示，多读美食家们的文字，有益于掌握和运用烹饪专业知识，提高烹饪刀工、技法、火候、调味等各种技能。

李刚和他的《烹饪刀工述要》

李刚，这个名字的重名率不低。笔者就有几位名唤李刚的朋友，而且都在餐饮业很有名气。本文记述的这位李刚，外号“飞刀李”，有一手非凡的刀工技艺，还早在1988年就出版了讲述刀工理论和刀工技艺的《烹饪刀工述要》。该书在2012年已印刷了27次。

在《烹饪刀工述要》出版之前，随着餐饮行业和烹饪教育的快速发展，全国各地纷纷创办烹饪院校和烹饪职业高中，而烹饪教学用书的编写工作明显滞后，特别是烹饪刀工技术课，不仅没有教材，就连文集类的专业书也找不到。据考证，我国曾出现过专门写烹饪刀工的书，但那已是唐代的事了。那是一个手抄本，未能完整地传世。明代李日华只在《紫桃轩杂缀》中记录了那本书的书名——《砍（斫）书》，摘录了书中的只言片语。除此之外，人们再也没有得到烹饪刀工书籍的其他信息。

在漫长的烹饪历史中，尽管发明了石刀、骨刀、青铜刀、铁刀、钢刀等难以计数的烹饪刀具，也形成了各种流派的刀工刀法，但相关的文字资料少之又少，流传范围也很有限，大多靠师傅口传身授。这种状况延续了一个又一个世纪……

自古沿袭的以师带徒的烹饪教育形式，经历了漫长演变过程，才逐渐变成学校教育形式。20世纪40年代，辅仁大学和金陵女子学院家政班开设选修和烹饪课程，出现了烹饪教育进入学校的萌芽。1959年，黑龙江商学院、上海财经学院率先设置烹饪专业，按规定目标培养烹饪专业人才。20世纪80年代开始，大规模兴办初等、中等、高等烹饪教育，而烹饪教材的编写工作明显滞后。

就在这时，执教于北京103职业高中的李刚引起了人们的注意。正如《中国传统烹饪饮食辞典》主编李春方在给《烹饪刀工述要》撰写的序言所说，尤其在刀工方面，李刚“积多年教学经验，又能博采各流派刀工之长，进而合炼众艺之精地一体，先行之于己，从己身的操作和教学实践中反复察其不足，从而匡己悟道之谬，正炼合中的榫吻之隙；再施之于人，去上下求索，广求师友给其指正疵漏，耐心听取学生质疑。终始其刀工教学别开生面，成绩斐然，他的许多学生在各级刀工比赛中名列前茅。所以，同人多劝其将刀工方面的讲义及心得等编写成书。”

确实，李刚在课堂上讲刀工头头是道，到厨房里表演刀工更是地道。有一次，为了培养学生练刀工的兴趣，他在教室门口将菜刀抛出，砍在十米开外一棵树的指定位置上。从树上拔下菜刀，学生们无不佩服他的“又稳又准又狠”，送给他个外号“飞刀李”。

这“飞刀李”要编写一本烹饪刀工教科书，只能“慢功出细活”，实在没有“飞”的条件。别说没有刀工专著可以借鉴，就边比较系统的刀工资料也无处可找。要填补烹饪教材的这个空白，他不得不三箭齐发：一是对现有的烹饪刀工讲义进行全面修订；二是从现代力学、几何学、美学、营养学等多门学科入手，增强专业性；三是访问名厨大师，丰富内容。

功夫不负有心人。李刚终于完成了《烹饪刀工述要》的编写工作，内容涉及烹饪刀工的方方面面：烹饪刀工的源流、烹饪刀工的工具、烹饪刀工的基本要素、烹饪刀工的基本原理、烹饪刀工的刀法……

高等教育出版社看罢书稿，给出确切的出版理由："本书是我国第一本讲述刀工理论和介绍刀法技巧的专著。内容充实，简明扼要，图文并茂，浅显易懂。本书可作为烹饪专科、烹饪中专、烹饪职业高中、烹饪中技、烹饪培训班的教学用书。本书是宾馆、饭店、餐厅在职厨师提高烹饪技术水平的必备读物。对烹饪研究人员及广大烹饪爱好者也是一本不可多得的参考书。"

果然，《烹饪刀工述要》由高等教育出版社出版后，常销不衰。笔者于2004年在新华书店购得此书，已是第23次印刷。此书对笔者从事烹饪刀工研究起到可贵的引领和激励作用。2007年，笔者以漫谈形式撰写《烹饪刀工》也由中国商业出版社正式出版发行。后来，在一次朋友聚会上，笔者与李刚巧遇。再后来，彼此有了更多的刀工话题，一同在媒体上讲述"厨师与刀工的故事"……

陈立新：烹饪自古重刀工

切肉机、切菜机、削皮机、斩拌机……在烹饪机械大行其道的当下，有的厨师不注重提高包括刀工在内的职业技能，不像前辈厨师那样“一把菜刀闯天下”。这种现象，引起人们的关注。列入“国家级非物质文化遗产名录”的北京东来顺涮肉制作技艺代表性传承人陈立新，总是利用各种机会，强调“手艺人不能丢了手艺”，他说：“烹饪自古重刀工。刀工是厨师的基本功。虽然现在有了烹饪机械，但厨师练好刀工仍然十分重要，轻视不得，疏忽不得。”

陈立新16岁进入东来顺饭庄，拜清真菜名厨何凤清为师，从切羊肉片练刀工开始，在东来顺一干就是40多年。手不离菜刀的他，对“巧切食物妙用刀”有着长期的经验积累和深切的司厨感悟。2012年3月2日，陈立新受北京电视台“非常接触”栏目组邀请，成功表演了切羊肉刀工技艺。他手起刀落，不大功夫，一盘精薄的羊肉片铺在蓝花盘上，人们透过红白相间的羊肉片，仍能看见盘底的花纹。台上的主持人和台下的观众，都投以赞许的目光，报以热烈的掌声！

这手刀工绝活，足可证明机械化时代下的手工魅力。在接下来的与观众互动环节，陈立新讲述了东来顺及其自古重刀工的历史：

清代光绪二十九年（1903年），一位名唤丁德山的回族人，从老家河北省沧县来到北京，卖了几天苦力之后，便改弦更张，向本家丁记鸭房借点钱，又向亲友借来一辆手推车、一条大板凳、一个案板，在人流密集的东安市场摆起一个小粥摊，从此进入清真餐饮业。白天忙碌于东城的东安市场，夜宿东直门外，整天离不开个“东”字，这让聪明的丁德山联想到“旭日东升”、“紫气东来”等吉祥语，又因为他信仰伊斯兰教，讲究“顺从”，便将“东来顺”三个字写入小粥摊名称。这小粥摊不断发展壮大，多次更名：“东来顺粥摊”、“东来顺粥棚”、“东来顺羊肉馆”、“东来顺饭庄”、“东来顺连锁总部”、“东来集团有限公司”。尽管“文革”期间“东来顺饭庄”改称“民族饭庄”，但他们的“烹饪自古重刀工”，从不动摇，从没改变过。

当年，东来顺创始人丁德山发现，北京人吃涮羊肉，都喜欢去前门外正阳桥西侧的正阳楼饭庄。这是为什么呢？一番明察暗访，终于找到了原因——那里的厨师刀工技艺高超，剔肉干净利落，切出来的羊肉片薄如纱巾，成熟快，质感好，味道香。很快，丁德山重金聘来那位刀工精湛的名厨。从此，丁德山珍惜人才、重视刀工这件事，成为东来顺的美谈，也一直在东来顺沿续……

2011年9月9日，在隆重热烈的“东来顺108周年店庆活动”中，东来顺集团有限公司党委书记兼总经理周延龙如数家珍般地讲述这家百年“老字号”创造的百余项殊荣。奖状、奖章、奖旗的背后，都有“烹饪自古重刀工”的故事。正因为这样，本次店庆活动特意安排了别开生面的“东来顺切肉技艺传承仪式暨东来顺涮肉制作技艺代表性传承人陈立新收徒仪式”。身着红色传统服饰的东来顺第四代传人陈立新，来到一字排开的八名徒弟面前，亲手将装在特制刀盒里的八把切肉刀授予他们。他们都是从东来顺直营店甄选出来的切肉高手。名师收高徒，很好地诠释了店庆活动“传承品质，缔造经典”的主题。

陈立新这次为北京电视台“非常接触”栏目表演东来顺切肉技艺，带来的正是限量特制的授徒之刀。只见他手提一个类似小提琴盒的东西，健步登台，就像一位乐器演奏家。当他打开那似是而非的“小提琴盒”，人们才知晓那包装盒是为切肉刀量身制作的，也才与那银光闪闪的切肉刀乃至陈立新的刀工技艺有了“非常接触”：这专门设计的刀盒，能稳固刀身，防止刀刃损伤，易取易放，便于携带；刀片为长36厘米、宽8.5厘米至5厘米的弧形；刀面刻有“东来顺”字样；与家庭使用的菜刀相比，这刀既长又窄。

摄像机前的陈立新，紧握这把切肉刀，起落有致，刀下推出的羊肉片，片片都是0.9毫米的厚度，每斤羊肉正好切出100片！

走下台来，陈立新笑呵呵地接受观众咨询。他既强调继承和发扬“烹饪自古重刀工”的传统，又在传授刀工技艺上妙语连珠：“刀技姿势要规范，不可弯腰墩子前；上身稍微往前倾，丁字脚步腰板挺”；“切时原料应摁牢，姆指在前顶住刀；小臂带着手腕动，幅度务必掌握好”；“机械切肉外观好，手工切肉看纹路”；“横切羊肉顺切鸡”……

张志广的食雕之路

子承父业练刀工

他在上个世纪70年代进入厨行、80年代成为名厨，至今仍是厨刀、雕刻刀不离手，为冷荤拼盘精益求精，传艺带徒。他就是享誉海内外的食雕大师张志广。

“凭手艺吃饭，靠诚信发展”，是张家世代相传的理念。张志广小时候，父亲是他心目中无人能比的英雄。父亲给他留下最深的印象，是比他现在的个头还高的风筝：“我父亲糊的风筝有这么高——比我1米77的个头还高出一头！风筝高，飞得也高，一群孩子就跟着风筝跑，欢天喜地……”

他经常拾起对父亲记忆的碎片，拼来摆去，总能在里面发现“能工巧匠”四个字。父亲的作品，他看到的是“糊得最大飞得最高最让人叫好的风筝”，而他没看到的，是父亲大量的“高彩”作品——在古建筑的高空彩绘作业。他在回忆中分析道：“用现在的说法，爸爸从事的是古建筑队的工作吧，常有三三两两的人来到我家，和爸爸一起用笔勾画京城众多的古代建筑物：古楼、古牌楼、古店铺、公园里的古建筑长廊……没完没了地‘看图说话’。然后，父亲就起早贪晚忙他的‘高彩’去了。父亲是业内很知名的画师，总是闲不着。”

父亲留下了糊风筝用的“剪刀加浆糊”，留下了“高彩”的画笔、颜料……

张志广也就从小喜欢美术，读书时总能在美术组的花名册里找到他的名字。他时常与美术老师“并肩战斗”，为学校的宣传工作做出一名学生的“特殊贡献”。

1974年，21岁的张志广被分配到有近200年历史的北京致美斋饭庄工作。这家饭庄有一幅相传很久的对联：“致美斋斋致美美味佳肴飨宾客，有名厨厨有名名不虚传适众人。”对联中的“名厨”二字，对张志广具有很大的诱惑力。因为他就工作在名厨马德明师傅身边。他对鲁菜烹饪大师马德明的厨德厨艺十分敬佩。自己也就“干一行爱一行”，向着名厨的目标奋进。凭着家传和读书时的美术功底，他利用业余时间，在大萝卜、胡萝卜、南瓜上削削片片，雕雕刻刻，制成一座座宝塔、一朵朵小花、一个个小动物，拿给师傅们看。马德明更是慧眼识珠，认为张志广本身就是食雕大师的料，不断地给以鼓励、指点，还向他讲述食雕的历史：早在唐代以前，就有“缕鸡子”，也叫“蛋雕”——将鸡蛋雕缕出花纹图案。这种经过刀工处理的鸡蛋，就是最早的食雕作品，用于敬神和祭祀。后来，食雕逐渐走进人们的饮食生活……

张志广大量吸取食雕的各种知识，不断提高自己的文化艺术修养，对烹饪事业更执着，对食品雕刻更入迷了！

在飞火的灶台前，他精心烹制，将原料制熟，再切配、码盘、点缀、围边，然后，作为“头菜”，由服务员端上餐桌——开席见“彩”！

1986年，第五届世界美食烹饪大赛在卢森堡举行，这是被称为世界烹饪界“奥林匹克竞赛”的顶级赛事。参赛的中国烹饪代表团选手，通过层层选拔，精挑细选。张志广成为“国家队”的一员。他不负众望，以普普通通的果蔬、肉类为原料，精雕细刻，推出冷荤拼盘“龙凤呈祥”、“飞燕迎春”、“喜鹊登枝”、“鸳鸯戏水”、“松鹤延年”，还有一个装饰台面的食雕作品“天女散花”。这组参赛作品，从主题立意到烹饪技艺，都令评委们赞叹不已，摘取了大赛最高奖——金奖。

作为“金奖”得主，张志广在这届大赛举办地又暴出一条新闻，刊登在当地的报纸上：卢森堡市一所烹饪学校请来张志广演讲，他边讲边刻，台下的听众又成了观众，连听带看，如醉如痴。有人也拿出雕刻刀和萝卜，跟着学刻萝卜花。趁休息功夫，人们把附近一家蔬菜店的萝卜抢购一空……

如诗如画盘中来

冷荤拼盘，由双拼发展到三拼、四拼，再发展到花拼——花色拼，不仅是菜肴颜色的由少到多，而且也是菜肴造型由平面向立体的发展。精美的冷荤拼盘，如诗如画……

每一次冷荤拼盘的制作，对张志广来说，就如同作家创作精美的文章，要独立思考，要精心操作。

命题：根据顾客的心理需要和宴席档次，在制作冷荤拼盘之前想好主题——给冷荤拼盘命题。例如，文人雅士聚餐，拼出“梅兰竹菊”、“小桥流水人家”；婚宴，拼出“龙凤呈祥”、“鸳鸯戏水”；寿宴，拼出“松鹤延年”、“万年长青”；还有应时应季的主题：春季的“飞燕迎春”，夏季的“香茶翠鸟”，秋季的“菊黄蟹肥”，冬季的“梅花傲雪”。

构图：正如写文章的“七分构思三分写”，冷荤拼盘的构思很重要，通过形象思维进行构思、构图。首先打好腹稿，必要时还要用笔勾描出主题图案，确定突出主题的手段和方法。例如，稳定、庄重的平行垂直线构图，宽阔、安宁的平行水平线构图，动感、雄伟的平行斜线构图，稳定、肃穆的十字对角构图，饱满、严密的圆形构图，稳定、充实的三角构图，还有对角线、螺旋型、S型等。

选料：选料是制作冷荤拼盘的重要环节。冷荤拼盘也称“看盘”，但不能“中看不中吃”。 要遵循可食性原则，根据作品的造型和颜色需要，精心选料。冷荤拼盘还要注意器皿的选择。一般来说，盘的规格应大一些（尺盘以上），以无花纹的白盘为宜，“以器度形”，“以器度量”，物器比例合适。洁白的盛器犹如一张白纸，可画出最美的图画。如果盘中略带花纹，就会影响拼摆的艺术效果。

成型：成型是构思设计的实现阶段。首先，通过食雕在内的刀工技艺对原料进行加工，然后运用堆、排、叠、围、摆、覆等方法，拼摆成型——有立体感，有观赏性，和谐素雅，画龙点睛，不喧宾夺主，不弄巧成拙。一般来说，冷荤拼盘很难“一挥而就”，有的需要整体修改，有的需要局部微调，有时候则非推倒重来不可。

就这样，不断的命题、构图、选料、成型，张志广的冷荤拼盘越做越多，也越做越好。在1988年第二届全国烹饪大赛展厅里，一个名为“秋蟹映月”的冷荤拼盘，格外引人注目：肥硕的螃蟹，微风中摇动的高粱，一弯明月，构成美丽的秋夜景色，蕴含丰富的田园诗意。冷荤拼盘的主题和高超的厨艺，都展现得淋漓尽致。这个作品的作者，正是来自北京代表队的张志广。

从国内赛场到国际烹坛，只要张志广参赛，总是最高奖项的获得者。作为饮誉海内外的食雕大师，张志广1998年参加全国大中城市第八届联谊厨师节之后，便不再以选手的身份参加比赛，而是通过另一种方式与同行们交流：拿起笔杆，写经历，谈体会，利用业余时间“烹文煮字”。他发表论文《论象形冷盘技师应有的素质》；他出版《张志广拼摆艺术》；他出现在大型烹饪比赛的评委席上；他被授予“中国烹饪大师”、“北京特级烹饪大师”；他还持有“国家职业技能竞赛裁判员”、“全国餐饮企业评委”、“公共营养师”等多种高级别的资格证书。

好看好吃又营养

张志广制作的冷荤拼盘，无论作为烹饪比赛的作品，还是作为饭店经营的商品，都像工艺品、艺术品。人们不停地点头夸奖，也有人摇头询问：这么好看的“工艺菜”、“造型菜”，也好吃吗?

“冷荤拼盘，应好看好吃又营养。”张志广这样回答。这也是他多年的追求。

秋蟹映月、雄鹰听涛、龙舟送宝……都是张志广的获奖之作。这些冷荤拼盘的原料，既不能像纯绘画那样利用丰富的色彩颜料调配，也不能像工艺美术那样在黄泥、木头、金银铜铁上随意雕琢，而必须选用可食用的原料和色彩。

“秋蟹映月”的主要原料：罗汉肚、龙凤卷、卤牛肉、酒香鸭卷、油焖香菇、卤猪肝、京火腿、姜汁蟹黄、酸辣瓜皮、蛋黄糕、三丝笋卷。

“雄鹰听涛”的制作方法：在盘中适当位置码出底坯，按顺序把五香牛肉、水晶肘花、盐水猪肝、翡翠鱼卷、酸辣瓜皮、酒醉冬笋等原料制成羽毛形状，拼贴出鹰的造型。

“龙舟送宝”的菜肴特点：热制冷菜，形态悦目，味美适口（南瓜雕刻出龙舟和浪花后上笼蒸，西蓝花焯透拌盐码入龙舟，再码入烹好的大虾）。

这三道冷荤拼盘代表菜，从原料、制作到呈现出来的特点，无不适应人们的饮食要求。与一般菜肴相比，虽然都讲究“色、香、味、形”，但冷荤拼盘的要求更高一些，因为它更讲究奇妙的构思、奇巧的工艺、奇特的效果。

张志广对此深有体会：“冷荤拼盘应具有赏心悦目又脍炙人口的双重魅力，让人们通过看菜名、辨色彩、观形态、品味道、察器皿，得到眼福与口福的享受，获得物质与精神的满足。他在制作冷荤拼盘的多年实践中，始终坚持把食用和营养放在第一位。在张志广看来，冷荤拼盘的色彩，应该既有食用价值，又能表达情感：红色象征热情、喜庆；白色体现纯洁、真挚；黄色表示吉祥、华贵；绿色充满新鲜、活力；棕色显得肥美、富裕……

为了得到烹饪原料本身的五光十色，张志广在书本中学习，在生活中学习，除了巧妙运用食品原料本身的颜色，还充分利用烹调手段使原料呈现多种颜色。红色：大虾生时为青色，熟后即变为鲜红色；鲜虾生脑汁用作红色剂；利用红曲制作“叉烧肉”。黄色：生蟹黄为暗红色，熟后即变为金黄色；蛋黄汁液用作黄色剂；利用咖喱油菜花。白色：生鱼肉为青灰色，熟后即变白；蛋清汁液用作白色剂；仙鹤羽毛宜采用白蛋糕的自然白。绿色：绿菜汁液用作绿色剂。黑色：用调好味的黑芝麻汁，制成盘子里的黑色线条。禽类羽毛与酱牛肉、卤口条相似。鹤顶红采用红透的辣椒……

如此这般潜心研究，日积月累，用于冷荤拼盘的各种食材也就“成竹在胸”了。且看张志广的两个代表作：

“天女散花”：“天女”之身，是精挑细选的大南瓜，那樱桃小口是红柿子椒，而黄瓜皮变成了俊俏的柳叶眉和传神的杏核眼。

“雄鸡报晓”：红辣椒变成了鸡冠子；西红柿变成了鸡胸脯；煎蛋皮、红辣椒、酸辣黄瓜皮，组成了丰满斑斓的雄鸡羽毛；雄鸡脚下的山峦和梯田，则是肘花和香菜。

菜名里的刀工

刀削面的“削”

“一叶落锅一叶飘，一叶离面又出刀。银鱼落水翻白浪，柳叶乘风下树梢。”诵读这首赞美刀削面的诗，菜名研究者还会联想到“斩鱼丸”、“蟠龙卷切”等菜名。刀削面的“削”、斩鱼丸的“斩”、蟠龙卷切的“切”，有一个共同的特点，那就是把烹饪刀工写入菜名了。

且说刀削面的“削”。

刀削面的问世，是因为当时没找到切面用的菜刀，用一个薄铁片代替菜刀，把和好的面“砍”成面片后，下锅煮制。因此，最早的刀削面，被称为“刀砍面”。这事儿，有一个古老的传说：

元朝时，为了维护社会稳定，防止民间出现手持菜刀造反起义，蒙古族鞑靼曾作出规定：10户人家用一把菜刀，切菜做饭，轮流使用，用后交回蒙古族鞑靼统一保管。一天中午，有位老婆婆准备给全家人做刀切面吃。她把面粉、甘薯粉放到盆里，加入清水，充分搅拌，揉成面团之后，让老公公快去鞑靼那里取菜刀。老公公一看面已和好，急等刀切，也就急忙行动，直奔鞑靼。此时家家都在准备午饭，来取菜刀的，“还有早行人”，老公公空手而返。

走出鞑靼大门时，老公公急匆匆的脚步突然停了下来，低头一看，一个薄铁片刮碰了他的鞋。他顺手捡起那薄铁片，揣入怀中。

老公公回到家中，看到煮刀切面的水已经烧热，全家人等着吃刀切面，可他却没取来菜刀。情急之下，他猛然想起刚捡到的薄铁片，便从怀里掏了出来，用水洗净，又在磨石上磨了几下，递给老婆婆：“用这个铁片切面。”老婆婆接过铁片，又看又试，那是又薄又软啊，嘟囔道：“这东西哪能切面？”老公公又出高招：“不能切就砍！”

砍，也称劈，是一种常用的烹饪刀工。随着“不能切就砍”的声音，老婆婆想起了直刀砍、跟刀砍、拍刀砍、开刀砍等多种砍法，眼前一亮，心中也有数了。只见她把面团放在一块木板上，左手端起，右手持铁片，站在开水锅边砍面，一砍一片，一片接一片落入锅中，很快就煮熟了，捞入碗中，浇上卤汁。老公公边吃边说：“好得很，好得很，以后再也不用菜刀切面了。”他家的“刀砍面”，一传十，十传百，很快传遍了晋中大地。

到了明末清初，“刀砍面”更加普及，却很少有人称它“刀砍面”了，而是将“砍”换成了“削”——刀削面。以“削”代“砍”，使这个菜名更为准确。削，也是常用的烹饪刀工。削的刀法有两种：一是左手持原料，右手持刀，刀刃向外，对准要削的部位削；另一种是左手持原料，右手持刀，刀刃向里，对准要削的部位削。采用削制刀法，一是原料去皮；二是将原料加工成一定形状；三是食品雕刻的基本刀法。刀削面的“削”，属于“将原料加工成一定形状”。

也是在明末清初，涌现出刀削面的代表人物，山西榆次名厨五蛮，人称“削面五”。他削面时，站在离锅一米开外的地方，将小枕头似的面团顺放在垫了笼布的左臂上，右手扬刀，削出的面片如流星飞溅，直落锅内，在沸水中翻滚，如银鱼跳跃，煞是好看。

2003年举办的中国·太原国际面食节，由14位厨师表演的刀削面，给人们留下了这样的记录：他们左手拿面，右手持刀，手碗灵，持刀平，快削如飞，面片形如柳叶，又薄又细又长，一片追赶一片，如流星追月，似银鱼戏水。

欣赏刀削面，简直就是观看杂技表演。内行人看门道：削出的第一片面刚进锅，第二片面已在半空中，第三片面也即将飞出刀口了，是一连串的动作。

细细数来，写入烹饪刀工的菜名，也是一个接一个……

斩鱼丸的“斩”

斩鱼丸，也称“烧鱼丸”。斩是烹饪刀工，烧是烹饪技法。或许为了突出刀工技艺，记录这道菜的书籍和报刊，大都用“斩鱼丸”之名。在金城出版社出版的《中华趣味饮食》里，就有一篇写“斩鱼丸”的文章，题目是《歪打正着烧出的“斩鱼丸”》。这“歪打正着”，便记录了斩鱼丸的来历。

秦始皇非常注重养生保健，在饮食上忌讳多多。御厨们都知道他很爱吃鱼，又害怕鱼刺。他对烹制的鱼菜不满意，厨师有遭杀头的危险。有一天，秦始皇下令，让楚国大厨给他烹制一道鱼菜。得知此令，这个大厨很是害怕，鱼菜做不好，性命难保啊！

就在此前不久，秦始皇南巡，途中出现“刺杀未遂”事件，就有厨师因制作“无刺鱼”失败，断送了性命。这个大厨越想越害怕之时，秦始皇连连派人摧菜。皇命不敢违。这个大厨不得不抓起一条鲢鱼，开始了这道鱼菜的制作。

由于惊惧和恐慌，手中的菜刀失准，用力过大，这条鲢鱼近乎“一刀两断”，不能“整鱼上桌”了。这可怎么办?

又来人摧菜。情急之下，无奈之下，这个厨师只好“一不作二不休”了：举起菜刀，在鱼身上拍击，再拍击，反复拍击之下，鱼骨和鱼刺纷纷从鱼肉中分离出去。大厨确认鱼肉中无骨又无刺，变成了鱼泥。随后，把这黏性很强的鱼泥盛到罐里，陆续加入清水和姜汁、盐等调味料，顺着同一个方向搅拌，鱼泥起小泡，上劲，涨发。大厨左手抓起鱼泥，从虎口处向外挤，右手执勺接住挤出的鱼丸，放入冷水锅中凝结，增白，再将锅移到火上加热。水将沸腾时，加入半勺冷水，用勺在锅中翻转鱼丸，撇去锅中的浮沫。这样反复三、四次，鱼丸在“小火”和“清水”中养熟了。再用漏勺把鱼丸捞入锅里烧沸的鸡汤中，加入调味料……

一阵忙碌之后，这道鱼菜终于端上了秦始皇的餐桌。以往，鱼菜上桌，秦始皇疑虑重重。吃到鱼刺，他说厨师有意戳破他的喉咙；鱼肉酥烂，他说厨师诅咒他碎尸万段。今天上桌的这道斩鱼丸，看上去洁白晶莹，入口后鲜美滑嫩。秦始皇享受了眼福和口福，非常高兴，大加赞赏。

仍在提心吊胆的大厨听说之后，总算“一块石头落了地”。

从此，斩鱼丸高频率地出现在秦始皇的餐桌上，他常吃不厌。可是，秦始皇忌讳“丸”的谐音“完”，这个菜名得改。

怎么改呢？因为“丸”是圆形的，便称“鱼丸”为“鱼圆”。

用鱼泥制成的球形的小东西，如同“肉丸”、“药丸”、“弹丸”等丸状物，很多人还是愿意直呼其名“鱼丸”，并加上了个彰显烹饪刀工技艺的“斩”字——斩鱼丸。

斩鱼丸早已成为浙江的一道名菜，经久不衰。其鱼肉变成鱼泥再变成鱼丸，所使用的刀工刀法不断完善，正如《中国烹饪文化大典》所说：“排斩透彻，刮肉细腻，拍刀柔中有刚。”

在制作斩鱼丸的长期实践中，浙江还流行这样一句烹饪谚语：“鱼丸会刮”。刮，是重要而又常用的一种烹饪刀工，也是专业厨师练刀工的必修课。斩鱼丸已被列为中式烹调师职业技能鉴定操作考试的重点菜品。

蟠龙卷切的“切”

蟠龙卷切，这个菜名有烹饪刀工里的“切”。顾名思义，是对卷成蟠龙形的菜肴进行切制。正是这刀下之切，更便于菜肴码盘，拼出龙形——蟠龙卷切。然而，初创这道菜时，并没考虑到装盘，也没有码盘前的切制工序。初创时的菜名，称为“龙菜”。“蟠龙”、“蟠龙卷切”，则是经过一改再改的菜名。

明朝武宗年间，高墙深院的皇宫里，皇帝武宗病躺在床上。身边是一位很贴心的老太监，小心翼翼地侍候着。有一天，武宗对老太监说：“我怕是没几天了。”老太监赶紧说：“万岁洪福齐天，没事。”武宗又说：“朕心里有数。你赶快找个靠得住的人到湖北去，把朱厚请回来，朕要把皇位传给他。这件事情一定要保密，不然他就有杀身之祸啊！”在皇宫里服务多年的老太监知道，皇帝的几个兄弟都在为争夺皇位勾心斗角，这可是人命关天的大事啊！老太监点点头，说：“皇上，你有什么吩咐就说好了。奴才拼死也要办好！”武宗听了老太监的话，从枕头下拿出早已准备好的圣旨，交给老太监。

老太监把皇帝的圣旨交给一个最信任的太监，叫他连夜赶往湖北，尽快把皇帝圣旨交给朱厚。十多天后，朱厚看过皇帝圣旨，并从送圣旨的太监口中得知皇帝随时可能驾崩，便准备马上赶回皇宫。他知道此事非同小可，请来老师鲁安，一五一十地说了将要继皇位和马上回皇宫等情况，共同研究行程安全问题。鲁安给他出了个“未来皇帝假扮囚犯”的主意：“你可以装扮成一个犯人，坐囚车去北京。没有人会想到未来的皇帝会坐囚车去北京吧？”朱厚采纳了这个建议。鲁安又说：“要准备好路上吃的，尽量不要住店，以免引起麻烦。”朱厚说：“我是一点准备也没有，一时弄不来那么多在路上吃的东西。”鲁安推荐一个名唤张涛的厨师，与朱厚随行。

张涛不仅厨艺好，而且有学问。听鲁安如此这般地一番交待，很快就想出了办法：猪肉、鱼肉制成肉泥，加入调味料，拌匀，摊到烙好的薄鸡蛋饼上，卷成长筒形，头部点上银米，放到笼屉里蒸熟，看上去像龙。他高兴地说：皇帝是真龙天子啊！给朱厚吃的这菜，就叫“龙菜”吧！鲁安赞成制作这“吃肉不见肉”的龙菜，更欣赏这“龙菜”之名。

张涛一口气制作许多“龙菜”，盘卷起来，放到囚车上。他和装扮囚犯的朱厚一同坐上囚车，赶往京城。路上饿了，朱厚就拽下一段吃。一路安全，回到皇宫。不久，武宗临死前宣布：朱厚继承皇位。

朱厚成为明朝的嘉靖皇帝。他给予鲁安、张涛奖赏：鲁安到翰林院任职；张涛到御膳房任总厨。他还下令："龙菜"改名"蟠龙"，列入皇宫菜谱。

随后，制作蟠龙的方法也得以改进：不再是用薄鸡蛋饼卷肉的"龙"，而是将薄鸡蛋饼卷入肉泥的卷切成片，再拼成"龙"。这么一来，制作更精细，造型更美观，寓意更明显，食用更方便。

因为此菜有卷制和切片的工序，人们便在菜名"蟠龙"后面加上了"卷"和"切"——蟠龙卷切。这个菜名和制作技艺传入民间，成为湖北的一道传统名菜。据《湖北省钟祥县志》记载：蟠龙"其质取猪肉之精者，和板油与鲜鱼剁成肉泥，和以绿豆粉、鸡蛋清，后因鸡蛋皮裹之，皮间附以银米，蒸熟后切成薄片，盘于碗中，红黄相间，宛然成龙形。"

行话俗语说刀工
——读《餐饮业行话俗语通释》

餐饮业行话俗语，语言精炼，朗朗上口，便于记忆，道理深刻，易于应用，是人们在古今餐饮实践中总结出来的宝贵经验。难以数计的餐饮业行话俗语，有的有文字记载，有的在民间流传，有的只出现在某时某地。如能把这些散落的珍珠收集起来，并给予通俗准确的解释，就是一本很有实用价值的烹饪工具书。中国烹饪大师、北京市特级教师李刚正是做了这样一件很有功德的事。2013年6月，他的《餐饮业行话俗语通释》在化工出版社出版了。

这是一本填补空白之作。此言出自中国烹饪大师、鲁菜泰斗王义钧之口："李刚同志从事烹饪职业教育40年，是北京市特级教师，他编写的烹饪专业教材，从1988年高等教育出版社出版的《烹饪刀工述要》开始，我就一直很喜欢看，我的徒弟们也喜欢看。这本《餐饮业行话俗语通释》是填补空白之作，更值得看。"

果然，这书内容丰富，涉及餐饮业的方方面面。其中，光是烹饪刀工行话俗语通释，就有50多个条目。现顺手摘录几个条目：

一堂二灶三墩子　意指早年餐饮业内三个重要的工作岗位。在酒楼或饭馆内，"一堂"是指堂倌(今称服务员)；"二灶”是指在炉灶上炒菜的厨师；“三墩子”是指切配菜的厨师。堂倌周旋于各种人物之间，巧理各种场面热情招揽顾客，灶上的厨师细心烹制菜点，切配的厨师精心切制原料和组配菜肴，三者之间密切配合，才能把生意做好。

七分案，三分灶　烹饪行话。案是“砧板”、“墩子”的统称；灶是“炉灶”、“炉子”的统称。用来形容刀工技术与烹调之间的关系。强调刀功技术的重要地位和作用，以及烹调技术的关键作用与生成高质量菜肴的关系。

细切粗斩　烹饪行话。意指加工肉馅对刀工的技法要求。如扬州名馔“清炖狮子头”，即是依“细切粗斩”的刀工工艺要求制作的。细切粗斩讲究的是肉粒要加工均匀，肉粒成形后再经斩剁，且不可过细。肉馅经调和成圆，再经烹调成菜，达到肉圆成形而不散，一触即碎，食之入口即烂的火候程度。

粗拉腰子，细拉肝　烹饪行话。意指用刀切制猪腰和切制猪肝尖(肝片)规格的质量要求。即：腰子剞刀刀距不宜过细(过密)；猪肝片不宜切得过厚。因为这两种烹饪原料质地细嫩，含水量高。为适应爆炒类菜肴“炒腰花”、“熘肝尖”旺火速成的火候需要，使之达到脆嫩的质感效果，刀工就必须以之相配合。“粗拉腰子，细拉肝”是历代厨师司厨经验的感悟。“炒腰花”刀工成形的要求是：直刀剞刀距以0.3厘米左右为宜，刀深为猪腰厚度的五分之四为宜，斜刀剞刀距以0.5厘米左右为宜，刀纹深度为猪腰厚度的五分之三为宜；“炒肝尖”刀工成形的要求是：出刀要快，成片要薄，以0.2厘米为宜。上述两种菜肴都是以精湛的刀功、娴熟的勺功、采用旺火速成的灶上功夫，才能胜任并完成这两道菜的加工和烹制的质量要求。否则，致使成菜后血渍渗溢，口感失嫩、失饪、滋味涩涩，或成菜质感硬实、柴老。

葱椒，葱椒，千刀万刀 烹饪行话。意指制作“葱椒”调味料的加工要求。形容经刀工处理加工出的“葱椒”调味料呈极细小的碎茸状。制作方法是：将花椒(洗净)斩碎，加葱白一同斩碎，再用料酒浸泡。其比例为花椒碎末200克、葱碎末50克、料酒50克掺和一起即成“葱椒”。多用于凉菜味汁的调制。

切段不出寸，出了寸，有人问 烹饪行话。意指经刀工切制原料的质量及原料成形规格的要求。如切制青菜段，长度不可超出一寸，若超过一寸长，就会引来相关人员的指正。超出一寸长的青菜段，不但会影响到成菜的外形美观，也会造成食客吃相的扭曲，因人们的口形大小是有一定限度的。有人评论说：中国人吃相的败坏，是由厨师劣质的烹饪手艺造成的。此言虽有些过头，但值得深思和警示厨师。中国传统刀工技艺精湛，对原料成形规格的大小、长短、薄厚都有着极为严格的规定和要求，过去手艺人恪守行规，不敢马虎。如今的一些厨师，其技术基础及基本功有下降趋势，甚至有些厨师严重缺失这方面的知识。

诸如此类的行话俗语通释，涉及烹饪刀工的地位、作用、标准、技巧，乃至人们的食相……可见“七分案，三分灶”之言不虚。

为了便于读者了解更多烹饪知识，提高刀工技能，笔者在为2007年出版的《烹饪刀工》再版增补内容时，特收入这篇读书笔记，推荐李刚先生的《餐饮业行话俗语通释》。该书还有很多烹饪刀工行话俗语通释，限于篇幅，不能一一照录，现将其中部分内容以联文的形式加以介绍（引号内均为烹饪刀工行话俗语）：

“刀工到家”，才能做到“刀路”精准。会“改刀”，不“连刀”，能“顶刀切”，善“剁点儿”；从“刀面”到“背刀”，“刀前刀后”都“利刀”；既能“炝刀块”，又能“三刀两叶凤点头”，还能“前切，后剁，中间片，刀背砸泥，把捣蒜”；掌握“一字葱”、“马耳葱”、“开花葱”的“刀法”；巧用“头刀血脖”、“二刀血脖”、“刀口花椒”；不误解“两面三刀”、“刀切馒头”；能熟知“八根绳，两把刀”等刀工历史。若有如此“刀工”，肯定不会是“二把刀”。

烹饪刀工谚语

一堂二灶三墩子。

七分案，三分灶。

上案的讲刀工，上灶的重火候。

刀技姿势要规范，不可弯腰墩子前。上身稍微往前倾，丁字脚步腰板挺。

好钢用在刀刃上。

人无志气刀无钢。

快刀斩乱麻。

刀快毛光。

杀鸡不用牛刀。

刀下留情。

切片斩剖劈，拍排旋剜剞。

巧切食物妙用刀。

有刀就能切蛋糕。

切必整齐，片必均匀，解必过半，斩而不乱。

要想切得薄，必须用快刀。

前切后剁中间片，刀背砸泥面拍蒜。刀头能把菜墩刮，刀尖能把原料删。

切葱如果怕辣眼，一盆清水放眼前。

拍蒜力气要用足，一拍下去蒜碎酥。

段不过寸，过寸有人问。

拉刀着力点，应该在刀尖；推刀着力点，恰恰正相反。

麦穗花刀有学问，斜刀浅来直刀深。

蓑衣花刀有学问，刀尖不能离开墩。

雕刻基础是打圆，不能使用旋刀旋。

刀工一定要均匀，不能有爷又有孙。

刀批肉片要注意，肥由顶始瘦由底。

古书所讲“晃梨花”，就是冀菜“甩刀法”。

牛肉横纹切，纤维容易截。

厨刀不磨是块铁。

刀不磨要生锈，水不流要发臭。

刀不磨要生锈，人不学要落后。

刀不磨快难做菜，孩子不教难成才。

刀闲会生锈，人闲会生病。

磨刀不用看，全凭一身汗。

磨刀不误砍柴功。

人在世上练，刀在石上磨。

刀儿越用越亮，知识越用越多。

在单守庆“厨行天下”书系研讨会上的讲话（摘要）

孙启泰

中国商业出版社能有机会与中国食文化研究会、中国烹饪杂志社共同主办单守庆“厨行天下”书系研讨会，我感到很高兴。感谢各位专家、学者和《中国新闻出版报》、《中国商报》、《中国食品报》、新浪网、搜狐网等媒体对中国商业出版社图书的关注并光临本次研讨会。下面向大家介绍一下单守庆“厨行天下”书系的编辑、出版和发行情况。

“厨行天下”书系目前已出版3本书，即2007年8月出版的《烹饪刀工》、2009年4月出版的《烹饪技法》、2009年6月出版的《烹饪火候》。

《烹饪火候》和此前出版的《烹饪刀工》、《烹饪技法》，体现了“厨行天下”书系的五个特征：

一、作品的内在品质比较好，资料真切扎实。比如，在《烹饪刀工》写到剁肉、剁菜、剁饺子馅的“剁制刀工”时，引用并认为“《新华字典》的解释比较原则：‘用刀向下砍’”；随后，引用并认为“《中国烹饪百科全书》的解释则具体而又专业：‘将无骨原料制成泥茸状的一种刀法’”；文末又从专业书籍中找到答案：“剁，也称斩。”这样引用资料，可信度高，说服力强。

二、独特鲜明的文字风格，娓娓道来的清新笔触。“剁制刀工”的标题是：《刀口能剁，刀背也能剁》；《单刀能剁，双刀也能剁》；《剁：厨房里的乐章》。类似这样的标题，同时出现在一篇烹饪文章里，在以往的烹饪图书中没有先例，这种写法更能凸显作品的原创性。

三、文史兼备，从烹饪漫长的历史到今天的现实。《烹饪火候》以《烹饪的起点》开篇，从人类最初的烤制火候写到2008年《透过水煮鱼的“标准之争”看火候》，引领读者探究烹饪火候的古往今来。

四、以漫谈的形式书写烹饪科普文章，符合市场阅读趋势。《烹饪火候》中的文章标题，其实也是“烹饪火候谚语集锦”：蒸鲢煮鲫炖黄鳝；大火煮粥，小火煨肉；千滚不如一焖；贴是一面煎；热油旺火炒；急火速成熘，等等，喜欢烹饪的读者看到这些标题，就有亲切感，从而激发学习厨艺的兴趣。

五、具有较强的实用性、可操作性。《烹饪技法》的“腌”，开篇提到人们再熟悉不过的“腌白菜、腌萝卜、腌肉、腌鱼”等，接着指出“有人对腌菜不屑一顾”，误认为“不就是原料加咸盐吗？”然后指出腌“并不是那么简单”，有盐腌、糟腌、酱腌、醉腌、醋腌、糖醋腌，等等，最后推出腌制技法的代表菜。读者既能学到烹饪知识，又可以按照书里的菜谱做菜。

这个书系的责任编辑刘毕林，是中国商业出版社第四编辑室主任、副编审，也是在我们社工作20多年的资深编辑。他和单守庆先生对“厨行天下”书系的策划很精心，要求很严格，从而保证了较好的质量。在没做任何发行宣传的情况下，“厨行天下”书系三本书的发行，一本比一本看好。

借这次研讨会的机会，也希望各家媒体多多关注和推介中国商业出版社的图书。作为具有烹饪图书出版传统的中国商业出版社，愿意为读者和作者提供更好的服务。

2009年7月19日

集割烹清气合天下大观

陈学智

自2007年起，单守庆撰写的“厨行天下”书系由中国商业出版社陆续出版，目前已出版《烹饪刀工》、《烹饪技法》、《烹饪火候》三卷。

单守庆先生对烹饪文化的研究颇为深入，所撰写的文章视角独到，深入浅出。正因为这样，他从2003年开始写作的单守庆“厨行天下”书系，具有鲜明的特点：

时尚性。单守庆“厨行天下”书系的时尚性，并不是指时尚的题材、时尚的包装，而是在我国源远流长的烹饪文化中注入时尚元素。一是新，就是写作方法新。单守庆“厨行天下”书系内容简介的第一句话就体现了“新”：“开烹饪图书‘漫谈’形式之先河，说古道今，纵横交错，谈经论艺，涉及烹饪技术、烹饪文化、名厨故事等方方面面，具有较强的知识性、实用性、系统性、趣味性。”二是异，就是用文学笔汇诠释枯燥的技术术语。单守庆“厨行天下”书系各篇文章的标题，一改过去教科书的模式，将技术有机插上了驰骋自由想象的翅膀，变得生动活泼而又形象耐读。例如，《烹饪刀工》中的《剁：厨房里的乐章》、《劈：刀工中的大手笔》、《旋：菜肴美容师》、《刮：刀工中的“与无声处听惊雷》。三是特，就是寓教与乐，点石成金。单守庆“厨行天下”书系不落当下“烹饪图书近乎于菜谱画册”的巢窠，而是每篇文章都配以切题的插图，阅读一篇文章，吸收烹饪知识和掌握操作技巧的同时，还会因为一幅略有夸张的配文插图带来深入理解后的幽默一笑，阅读也就变成了悦读。

实用性。单守庆“厨行天下”书系除了给读者传递知识、审美愉悦之外，还具有很强的实用功能。《烹饪刀工》从厨师怎样站案、怎样操刀、怎样运刀谈起，娓娓道来：《切，练刀工从这里开始》、《切：使用最多的刀法》、《切，窍门多多》，一番夹叙夹议的“切制刀工”漫谈之后，精选3道突出切制刀工的菜例附于文末。烹饪行业常用的12种主要刀法，都是这种体例。《烹饪技法》则从《烹饪技法知多少》谈起，接着谈《烹饪技法溯源》和《烹饪技法展望》，对烹饪行业的50种常用的烹饪技法，进行一一探究，每种烹饪技法后面，都有该技法的精典菜例。《烹饪火候》开篇便是《烹饪火候面面观》，随即强调《烹饪火候无小事》，从而展开《烹饪火候纵横谈》，所谈内容注重突出实用性。比如，“大火煮粥，小火煨肉”、“千滚不如一焖”、“热油旺火炒”、“急火速成熘”、“冷水下肉，开汤炖鱼”。如此种种，异彩纷呈，正所谓“操千曲而后晓声，观千剑而后识器”。

独特性。单守庆“厨行天下”书系的选题并非独特，是讲了几千年的老题材内容：切、片、削、剞等刀工；煎、炒、烹、炸等技法；大火、中火、小火等火候。但是，写法很独特。比如，《烹饪刀工》的封面语：“一把菜刀，谈古论今，万种风情；一种刀法，一种说法，三个菜例；一册在手，刀工百科，刀下生花”；《烹饪技法》的封面语：“五十种烹饪技法一一探究；五十篇美食文章一一展现；五十道精典菜肴一一亮相”；《烹饪火候》的封面语：“大火中火小火，火候种种，在此评说；急火慢火飞火，火候种种，在此区别；看火听火抢火，菜肴种种，在此制作”。这些封面语，并非虚张声势的“广告词”，而是书中内容的高度概括和重要提示。读罢各书，再掩卷回首封面语，会得出“恰如其分”的结论，产生“书中有神，腕下生花”的感觉，获得鲜活的意象，生动的领略，直截的陶染。

通俗性。单守庆“厨行天下”书系把技术性很强的烹饪话题成功地转变为平实的大众话题、社会话题。从“刀工”到“技法”再到“火候”，以简驭繁，避免了难以看懂的专业性，也避免了缺乏实用性。这对于刀工、技法、火候三个烹饪专业来说，是具有权威性、实用性和可读性的工具书：源流考、作用谈、技巧多、文化深、实例准，尽在书中。因此，每本书都极其巧妙地将百般譬说也难以鞭辟其里的文化意境展现在我们的面前。这是对中国烹饪文化研究的新奉献。

延伸性。单守庆“厨行天下”书系的读者定位，是以职业厨师为主，还可以延伸到烹饪专业院校、烹饪培训班和烹饪爱好者，是一套具有“工具书”性质的专业参考书，也可以说是谈吃论喝的“枕边书”。不仅读者对象可以延伸，冠以单守庆“厨行天下”书系的名称之下，还可以继续出版《烹饪调味》、《烹饪文化》等，具有开阔的写作空间，起到了点缀呼应，标眉举目的作用。

正因为上述五个特点，我认为单守庆“厨行天下”书系是食文化研究的一个新成果。因此，我为此书写了这样的赠言：“集调鼎割烹清气，合厨行天下大观。”

（原载《中国商报》，2009年7月31日）

贺 信

单守庆“厨行天下”书系研讨会引起关注。著名食文化专家学者、中国烹饪大师、中国药膳大师、书画家发来贺电贺信、题词作画，以示祝贺。现将贺信选登如下：

南京旅游职业学院教授邵万宽的贺信

喜闻单守庆“厨行天下”书系研讨会的召开。单先生多年来倾心研究食文化，著述不断，今又推出“厨行天下”力作，深表祝贺！

多少年来，单先生对食文化的研究倾注了大量的心血，他笔耕不止，在报刊上常常见到他的研究成果。近几年来，对烹饪行业常用的刀工刀法、烹饪技法、火候运用一一探究，谈古论今、旁征博引、案例分析，给人以鲜活的意象。特别是把复杂的技能用通俗、趣味的语言形象地阐述明了，在传递知识的同时，给人以愉悦。“‘厨行天下’书系”的出版，是他对烹饪界的又一新的奉献。

四川烹饪高等专科学校教授杜莉的贺信

欣闻单守庆“厨行天下”书系研讨会在京召开。单守庆先生致力于食文化研究，多有研究成果，今又推出“厨行天下”

书系，可庆可贺！包括烹饪文化在内的食文化研究，日益发展和繁荣。为了食文化研究更好地服务于社会，造福于人类，举办类似的食文化研讨活动，有助于食文化研究在广度和深度上不断进取，并吸引更多有志之士为此而卓有成效地工作。

四川行政学院教授胡晓远的贺信

欣闻单守庆“厨行天下”书系研讨会在京召开，作为饮食文化研究的同行，我表示热烈的祝贺！

单守庆“厨行天下”书系的出版，能引起当前烹饪写作的一些思考：如何创新烹饪文章写作？如何提高烹饪文章写作质量？如何搞好烹饪技术与烹饪文学的嫁接？如何提高烹饪图书的原创性？如何加大烹饪图书的文化含量？如何增强烹饪图书的可读性、趣味性？等等。

祝单守庆在今后的创作中取得更好的成绩，推动烹饪文化的发展和繁荣，更好地服务于社会，造福于人类。举办类似的研讨活动，有助于食文化研究在广度和深度上不断进取，并吸引更多有志之士为此而卓有成效地工作。

厨行天下：小火靓汤慢慢熬

从初出茅庐的小编辑到成为中国商业出版社的副总编辑，一路走来，刘毕林也数不清自己到底编辑过多少饮食文化类书籍，但如果一定要他在众多的图书中选择他最喜爱的图书，他会义无反顾地选择“厨行天下”这套丛书。

“厨行天下”书系是由我国著名餐饮文化大师、科普作家单守庆所写的一部具有实用性质的饮食文化丛书，目前已经出版《烹饪刀工》、《烹饪火候》、《烹饪技法》、《烹饪调味》4本，这套书自2007年出版后受到国内餐饮界广泛好评，也深受普通读者喜爱。

烹文煮字力透纸背

10多年前，当时已经是出版社业务骨干的刘毕林希望在编辑业务上能够有所突破，他把突破点选在了当时还处于发育初期的饮食文化出版领域，却苦于寻觅不到合适的作者。偶然的机会，他在《中国烹饪》杂志上看到了单守庆的专栏，深为作者那文史兼备、汪洋恣肆的文字所吸引，于是在第一时间向这位专栏作者抛出了橄榄枝。只可惜单守庆的专栏当时刚刚开栏不久，还不足以集纳成书，两人遂订下盟约，待该专栏规模足够大的时候，一定要在中国商业出版社出版这套“厨行天下”。

3年后，单守庆的专栏已经蔚为大观。“厨行天下”开始正式踏入出版的征途。按照刘毕林的设计，这套书应该是实用的：烹饪行业从业人员既可以按文索骥提高技法，又具有很高的文化含金量。在提升行业从业人员文化品位的同时，也能让普通读者从中得到阅读的享受。按照刘毕林的要求，单守庆对自己的文章进行了全面的修改，在可读性上苦下工夫，仅仅一个前言就反复修改了5次，才得到编辑首肯。为了增强文本的亲和力，刘毕林和中国商业出版社还不惜重金，邀请著名的漫画家根据文章内容为每一篇文章配了一幅漫画，后来的实践证明，这看似不经意的一招儿，却收到了画龙点睛的效果。

2007年8月，“厨行天下”系列的第一本《烹饪刀工》终于付梓，随即在中国饮食烹饪界产生热烈的反响，比如中国药膳研究会副秘书长、中国烹饪大师、中国药膳大师焦明耀把“厨行天下”书系称为“厨师之友”。

书中有神腕下生花

“在没做任何发行宣传的情况下，单守庆的‘厨行天下’书系前4本的发行，一本比一本好。接下来的第5本《烹饪器具》也已完成编辑工作，出版在即。显然这与编辑前期策划的精到细致和内容本身的生动、实用有着密切的关系。”中国商业出版社社长龙文元在接受《中国新闻出版报》记者采访时表示。

在后来的读者调查工作中，不少购买此套书系的读者都谈到，是那些生动的封面语让他们产生了购买的冲动。比如，

《烹饪刀工》的封面语："一把菜刀，谈古论今，万种风情；一种刀法，一种说法，三个菜例；一册在手，刀工百科，刀下生花"；《烹饪技法》的封面语："五十种烹饪技法一一探究；五十篇美食文章一一展现；五十道经典菜肴一一亮相"；《烹饪火候》的封面语："大火中火小火，火候种种，在此评说；急火慢火飞火，火候种种，在此区别；看火听火抢火，菜肴种种，在此制作"。读罢各书，再掩卷回首封面语，会得出"恰如其分"的结论，产生"书中有神，腕下生花"的感觉，获得鲜活的意象，生动的领略，直接的陶染。

也有不少读者对书中的漫画爱不释手，认为漫画里的厨师幽默生动，谐趣盎然，而且与文章内容配合得相得益彰，阅读一篇文章，在吸收烹饪知识和掌握操作技巧的同时，还会因为一幅略有夸张的配文插图带来深入理解后的幽默一笑，阅读也就变成了悦读。

饮食图书厨行天下

据刘毕林介绍，"厨行天下"书系的意义不仅仅体现在给出版社带来的经济效益上，更重要的价值在于，首先实现了当初设想的"通过推出一个系列、打造一个品牌、广交一批朋友"的目标。此外，通过"厨行天下"，中国商业出版社在如何创新烹饪文章写作、如何提高烹饪文章写作质量、如何搞好烹饪技术与烹饪文学的嫁接、如何提高烹饪图书的原创性、如何加大烹饪图书的文化含量、如何增强烹饪图书的可读性和趣味性等方面进行了有益的探索，为进一步出版饮食文化类图书积累了宝贵的经验。

如今，中国商业出版社已经成为烹饪古籍和饮食文化类图书的出版重镇。刘毕林则在完成“厨行天下”之后又参与了《中华老字号》等重要书籍的编辑出版工作。不久前他还登上荧屏，在北京电视台的读书节目上推荐由他担任责任编辑，中国烹饪大师、BTV《食全食美》特约主持人白常继撰写的《白话随园食单》。刘毕林说：“是‘厨行天下’系列开阔了我的眼界和人脉，让我在烹饪行业登堂入室。”

（原载《中国新闻出版报》，2013年7月29日）

后记

我为本书写下“小引”，写下12种常用烹饪刀法，又为每种刀法写下3个菜例之后，便与中国商业出版社联系。中国商业出版社是中央级出版社，曾出版《中国烹饪辞典》、《烹坛新秀》、《烹坛荟萃》、《烹坛精粹》、《烹饪技术1000个为什么》、《餐厅服务2000问》等饮食服务类图书，深受广大读者欢迎。1990年，我的报告文学集《粮食行业漫步》就是中国商业出版社出版的。这一次，我又是第一时间将新书稿送到这里。很快，经过配制插图、设计版式和精心编辑，一部有文有图有了点模样的“书”，送到了我手上。看到这个取名《厨行天下——烹饪刀工》的书稿就要付梓，作为作者，感慨良多：谁知纸上文，字字皆辛苦。况且，为本书付出辛苦的，不只是我。

本书的文字，写于2004年11月至2005年11月，补充、修改至2007年7月。

在这期间，我不厌其烦地翻阅各种与刀工有关的专业书、工具书和报刊资料。光是字典，案头就常备两部，一部是“正序”的，一部是“倒序”的。在《倒序现代汉语辞典》里，我发现了一个与本书有关的词：捉刀。“捉刀”一词，最早见于《世说新语·容止》，后来把代别人写文章叫“捉刀”。为写作本书，我访问了很多厨师，他们切望有一本专门写烹饪刀工的书，要有科学性、专业性、实用性、知识性，还要有可读性和趣味性。本书的不少内容便是来自于他们。从这个意义上说，我是在为厨师朋友“捉刀”。如今，本书也就如同厨师朋友烹制的一道菜肴，任人品评，说咸道淡，我都会洗耳恭听。

在这期间，我一次次得到社会各界朋友的鼓励和支持。当我的第一篇写及“菜刀史话”的文章发表后，热心的读者和我说，见多了这个“史话”，那个“史话”，却没见过这样写的“菜刀史话”，显然不是老生常谈。在我应邀参加《中国商报》创刊20周年座谈会时，中国商业出版社的一位领导同志鼓励中还带有几分感慨：“一种刀法，就能写出几千字的文章，不容易，辛苦了！一把菜刀，居然也很有写头！”正在我苦于烹饪刀工资料不足的时候，北京大学餐饮中心的一位朋友送给我一本杂志，那是他刚从旧书摊“淘”来的《中国烹饪》（1986年第1期），内中有一篇《运刀程式“五字法”》的文章，这样写道：“俗话说‘握刀如握虎’，它与武术师挥拳舞剑一样，有自己的一招一式，并非个人随意而为。据前辈厨师实践经验和本人工作体会，这套程式可归结为‘正（站案姿势端正）、美（运刀动作优美）、巧（用好刚柔相济的“软硬功”）、准（下刀准确无误）、快（运刀快捷，动作迅速）’五个方面，且谓之运刀程式‘五字法’。”对这样的资料，我如获至宝。如今，在本书即将面世之际，我向为本书提供“原料”、“辅料”、“制作方法”等多方面鼓励和支持的诸位朋友，表示诚挚的谢忱！

也正是在这期间，我为没能找到记录烹饪刀工谚语的《山东老菜谱》而感到遗憾。

我仍不会放弃对烹饪刀工的学习和研究，在与厨师朋友及烹饪爱好者的交流中，增长刀工知识，提高刀工技艺，领略刀工文化，争取在本书再版时，内容上补充得多一些，质量上修改得好一些。

单守庆

2007年7月9日

再版后记

十年前——2004年，中国烹饪协会主办的《餐饮世界》杂志刊登了我写的关于烹饪刀工的第一篇文章——《刀工：厨师的真功》。从此，我走上了至今仍在坚持的烹饪刀工研究与写作之路：2005年在《中国烹饪》杂志开辟《烹饪刀工》专栏；2006年完成《中国烹饪文化大典》之《刀法刀工》专章的写作；2007年由中国商业出版社出版《烹饪刀工》；2012年在《中国烹饪》杂志（7期）“特别策划”《厨师与刀的故事》专栏发表《古往今来话厨刀》……

七年前出版的《烹饪刀工》，经过实在谈不上“畅销”的六年时间，到2013年11月，中国商业出版社的书库没有此书了。此时，该书责任编辑刘毕林先生已由当年的编辑室主任、副编审晋升为副总编辑、编审。我欣喜于他行政职务和业务技术职称的齐头并进，他也关注着我在践行《烹饪刀工》“后记”里的话：“我仍不会放弃对烹饪刀工的学习和研究，在与厨师朋友及烹饪爱好者的交流中，增长刀工知识，提高刀工技艺，领略刀工文化。”我们在讨论继续满足读者对《烹饪刀工》需求的时候，一致认为，这本书不宜简单的重印，而是来个“再版”：修订已有的内容，增加新的内容，扩大信息量，开本也适当增大……

于是，就有了呈现在读者面前的这本再版的《烹饪刀工》。

《烹饪刀工》的面世，才有了我写作“厨行天下”书系的后续之作：《烹饪技法》（2009年出版）、《烹饪火候》（2009年出版）、《烹饪调味》（2010年出版）、《烹饪器具》（计划2014年出版）。该“书系”的第三本书《烹饪火候》出版后，中国食文化研究会、中国商业出版社、中国烹饪杂志社共同主办了单守庆“厨行天下”书系研讨会。来自食文化研究领域的专家学者，工作在烹饪第一线的中国烹饪大师、中国药膳大师、企业管理者，中国食品报、中国商报、新浪网、搜狐网等媒体的同志，齐聚一堂，就“厨行天下”书系畅所欲言，评头品足，进言献策，鼓励和支持我接着写。

在这个研讨会前后，我也听到读者对《烹饪刀工》的一些评论：有人说，《烹饪刀工》记录了古今中外烹饪刀工技艺和文化，是“不说话的师傅”；有人建议，在《烹饪刀工》目录里应有介绍烹饪刀工历史、作用、操作的内容；还有人认为，由《烹饪刀工》开端的“厨行天下”书系，应讲讲菜名的故事、名厨的经历……可写的内容挺多。

好吧，我就继续以键盘为厨刀炒勺，以电脑为蒸箱汤锅，以古今中外的烹饪文化和耳闻目睹的烹饪技术、设备为荤素原料，为“厨行天下”书系的写作尽心尽力。但愿读者能喜欢看，能有点用。

最后，感谢北京179中学校长顾问、享受国务院政府特殊津贴的教育专家李刚先生为本书作序。作为北京市东城区教委设立的李刚名教师工作室主持人，李刚提出四点希望：“一是用高尚的师德约束自己（体现的是职业素养）；二是用勤奋的工作锻炼自己（体现的是职业态度）；三是用敬业奉献的精神塑造自己（体现的是职业精神）；四是用优异的成绩展示自己（体现的是职业追求）。”我很赞成这“四点希望”，也愿以此与读者朋友共勉。

单守庆

2014年3月29日

开烹饪图书“漫谈”形式之先河，讲古道今，谈经说艺，纵横交错，涉及烹饪技术、烹饪文化、名厨故事等方方面面，具有较强的知识性、系统性、可读性、实用性。对于职业厨师、烹饪院校、烹饪爱好者来说，这是不可多得的参考书、工具书和“枕边书”。

厨行天下书系之一：《烹饪刀工》（修订版）

讲述烹饪刀工：切、片、削、剁、剞、劈、剔、拍、剜、旋、刮、食雕。一把菜刀，谈古论今，万种风情；一种刀法，一种说法，三个菜例；一册在手，刀工百科，刀下生花。

书号：ISBN 978-7-5044-5891-9
定价：32.00元

厨行天下书系之二：《烹饪技法》

讲述烹饪技法：煎炒烹炸、蒸煮炖扒……五十种烹饪技法一一探究；五十篇美食文章一一展现；五十道精典菜肴一一亮相。

书号：ISBN 978-7-5044-6357-9
定价：28.00元

厨行天下书系之三：《烹饪火候》

讲述烹饪火候：大火中火小火，火候种种，在此评说；急火慢火飞火，火候种种，在此区别；看火听火抢火，菜肴种种，在此制作。

书号：ISBN 978-7-5044-6507-8
定价：28.00元

厨行天下书系之四：《烹饪调味》

讲述烹饪调味：酸味甜味苦味辣味咸味，五味在这里调味；主味辅味海味野味药味，百味在这里寻味；鲜味香味入味滋味风味，美味在这里回味。

书号：ISBN 978-7-5044-6956-4
定价：28.00元

厨行天下书系之五：《烹饪器具》

讲述烹饪器具：锅碗瓢盆盘碟刀叉铲勺壶罐筷；烹饪器具烹文煮史在这里评说；烹饪器具千姿百态在这里展示；烹饪器具巧使妙用在这里交流。

定价：32.00元